U0930612

高等学校计算机基础教育规划教材

大学计算机实验与习题解析

马利 编著

清华大学出版社
北京

内 容 简 介

本书是与主教材《大学计算机(立体化教材)》(ISBN：9787302378327)配套的实验指导与习题教材，目的在于指导读者更好地复习所学知识，完成实践环节，提高上机实验的效率。读者通过主教材学习、习题练习和上机实践，将掌握计算机基础知识，具备计算机的基本应用能力。

本书实验部分主要包括网上信息检索、Windows 7 的基本操作、Word 2010 编辑排版、Excel 2010 综合应用、邮件收发和文件共享五大部分共 19 个实验。每个实验包括实验目的、实验内容、实验步骤等部分。

本书习题部分与主教材的相应章节对应，设计多种题型并配有习题答案。本书兼顾了计算机等级考试的需要。

本书既可与主教材配套使用，也可单独作为大学计算机基础课程的习题训练和上机实训教材。

图书在版编目(CIP)数据

大学计算机实验与习题解析/马利编著. —北京：清华大学出版社，2014 (2019.8重印)
高等学校计算机基础教育规划教材
ISBN 978-7-302-38249-2

Ⅰ. ①大…　Ⅱ. ①马…　Ⅲ. ①电子计算机－高等学校－教学参考资料　Ⅳ. ①TP3

中国版本图书馆 CIP 数据核字(2014)第 230447 号

责任编辑：袁勤勇
封面设计：傅瑞学
责任校对：梁　毅
责任印制：宋　林

出版发行：清华大学出版社
　　网　　址：http://www.tup.com.cn，http://www.wqbook.com
　　地　　址：北京清华大学学研大厦 A 座　　**邮　　编**：100084
　　社 总 机：010-62770175　　**邮　　购**：010-62786544
　　投稿与读者服务：010-62776969，c-service@tup.tsinghua.edu.cn
　　质 量 反 馈：010-62772015，zhiliang@tup.tsinghua.edu.cn
印 刷 者：北京富博印刷有限公司
装 订 者：北京市密云县京文制本装订厂
经　　销：全国新华书店
开　　本：185mm×260mm　　**印　　张**：9.25　　**字　　数**：228 千字
版　　次：2014 年 10 月第 1 版　　**印　　次**：2019 年 8 月第10次印刷
定　　价：25.00 元

产品编号：061813-02

前言

本套书是根据教育部高等学校非计算机专业计算机基础课程教学指导分委员会最新提出的《关于进一步加强高等学校计算机基础教学的几点意见》中的课程体系和普通高等学校计算机基础课程教学大纲的基本精神要求以及全国计算机等级二级考试的公共基础部分要求编写的，由《大学计算机(立体化教材)》(ISBN：9787302378327)和本书组成。

本书是与主教材《大学计算机(立体化教材)》配套的实验指导与习题教材，目的在于指导读者更好地复习所学知识，完成实践环节，提高上机实验的效率。读者通过主教材学习、习题练习和上机实践，将掌握计算机基础知识，具备计算机的基本应用能力。

本书实验部分主要包括网上信息检索、Windows 7 的基本操作、Word 2010 编辑排版、Excel 2010 综合应用、邮件收发和文件共享五大部分共 19 个实验。每个实验包括实验目的、实验内容、实验步骤等部分。

本书习题部分与主教材的相应章节对应，设计多种题型并配有习题答案。本书兼顾了计算机等级考试的需要。

本书既可与主教材配套使用，也可单独作为大学计算机基础课程的习题训练和上机实训教材。

由于时间紧迫以及作者的水平有限，书中难免有不足之处，恳请批评和指正。

编　者

2014 年 8 月

目录

第一部分　大学计算机实验

第二部分　大学计算机习题解析

第一部分

大学计算机实验

实验 1

网上信息检索

【实验目的】

1. 掌握信息浏览及保存的方法。
2. 掌握网上信息检索的方法。
3. 掌握软件下载的一般方法。
4. 掌握 FTP 下载软件的方法。

【实验内容】

1. 浏览新浪网,保存网页及图片文件至本地硬盘。
2. 根据关键词进行网上信息检索,搜索 NBA 的相关报到。
3. 搜索并下载暴风影音软件。
4. 利用 FTP 服务器,下载软件和资料。

实验 1.1　网上信息浏览和保存

实验步骤如下。

(1) 启动 IE 浏览器,在浏览器窗口地址栏输入网址 http://www.sina.com,回车后浏览器跳转到新浪主页,如图 1-1 所示。

(2) 在新浪主页上,单击“体育”链接,进入有关体育方面的页面。找到感兴趣的标题,单击它就可以打开相应的网页。

(3) 单击“中国足球”链接,打开网页(也可以单击其他链接,打开其他网页)。

(4) 选择“工具”菜单(一般在网址栏最右边)中的“文件”菜单,再选择其中的“另存为”功能,将网页保存在桌面上,文件名自己起,文件类型为 htm。

(5) 将鼠标移至网页上图片处,右击,选择“图片另存为”功能,将图片保存在本地磁盘上。

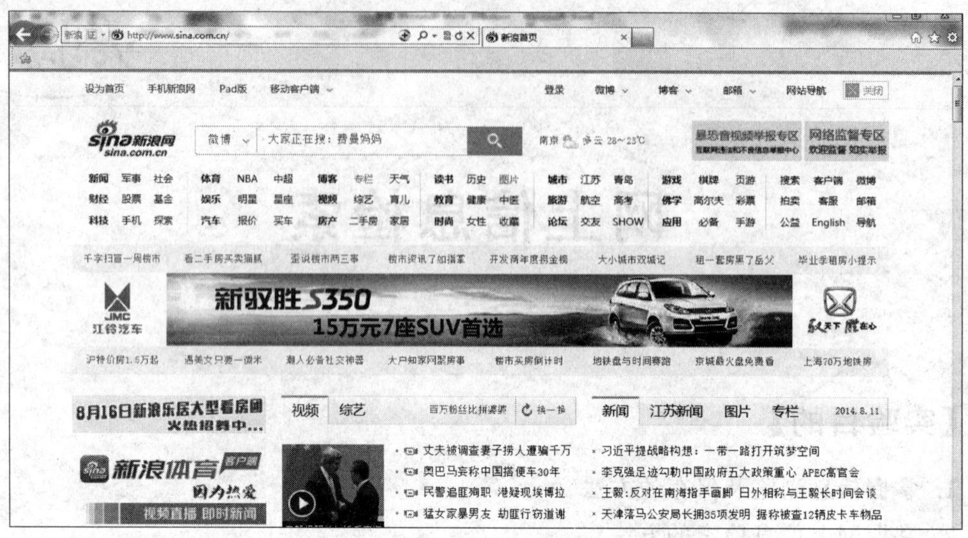

图 1-1 新浪主页

实验 1.2 信息检索

实验步骤如下。

(1) 在浏览器窗口地址栏输入网址 http://www.baidu.com，按 Enter 键后进入百度搜索网站，如图 1-2 所示。

图 1-2 百度搜索

(2) 在文本框中，输入搜索关键词 NBA，单击“百度一下”按钮，搜索出近 1 亿条相关文档，如图 1-3 所示。

(3) 在搜索文本框中，输入关键词“新赛季”，并单击“结果中找”链接，在上次搜索结果中搜索出 3500 万多条文档，如图 1-4 所示。用同样的方法输入关键词“新球员”，单击“结果中查找”在刚才的检索结果中搜索出 300 多万条相关文档。单击其中的“2014 新赛季 NBA 所有队球员名单”，显示如图 1-5 所示。

图 1-3　搜索关键词

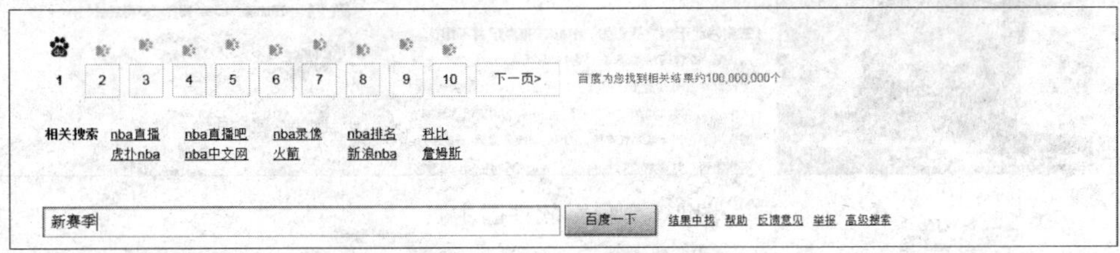

图 1-4　结果中查找

2014年NBA所有球队人员信息

凯尔特人球员资料

号码	姓名	位置	身高	体重	生日	年薪
43	科里斯·亨弗里斯 Kris Humphries	大前锋	2.06米/6尺9	107公斤/235磅	1985-2-6	1200
9	拉简·朗多 Rajon Rondo	控球后卫	1.85米/6尺1	78公斤/171磅	1986-2-22	1195
45	杰拉德·华莱士 Gerald Wallace	小前锋	2.01米/6尺7	100公斤/220磅	1982-7-23	1010
8	杰夫·格林 Jeff Green	小前锋/大前锋	2.06米/6尺9	107公斤/235磅	1986-8-28	896

图 1-5　文档显示

实验 1.3　常用软件下载

实验步骤如下。

(1) 启动 IE 浏览器，在浏览器地址栏中输入网址 http://nj.onlinedown.net，回车后就可以进入华军软件园主页，如图 1-6 所示。

图 1-6　华军软件园主页

(2) 在搜索文本框中输入“暴风影音”，单击“搜索”按钮，搜索出如图 1-7 所示的多条

图 1-7　搜索暴风影音

相关链接。单击第一条，显示如图 1-8 所示的页面。然后单击“华军本地下载”按钮，出现图 1-9 所示页面。用户可根据网络的接入方式和所在城市，选择合适的下载链接进行下载，以获得较高的下载速度，显示如图 1-10 所示(此处会调用迅雷软件下载)。选择适当的文件夹存放下载的软件，然后单击“立即下载”按钮即可。

图 1-8　软件信息

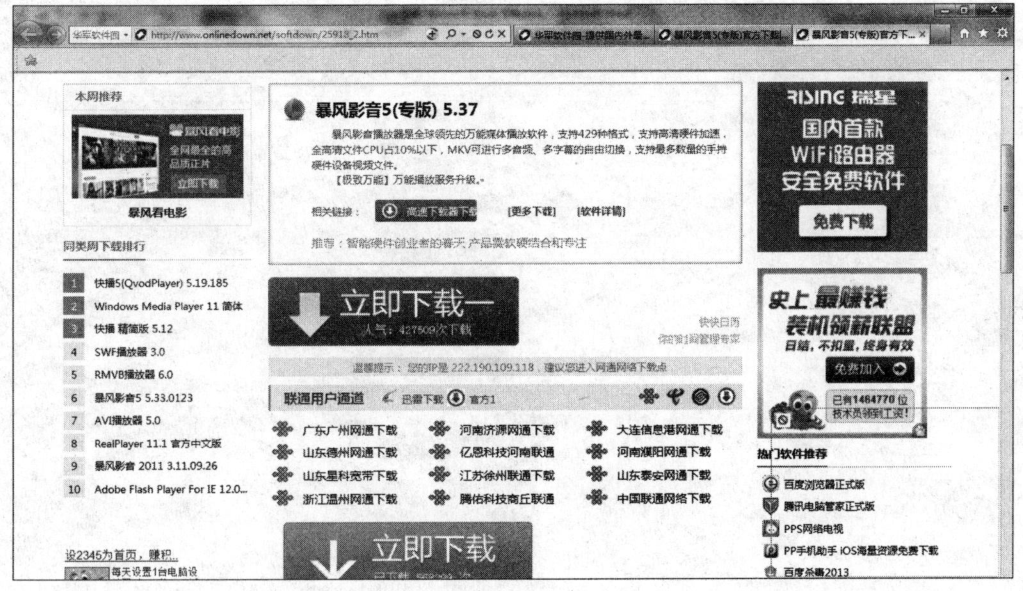

图 1-9　软件下载链接

图 1-10　软件下载

实验 1.4　基于 FTP 的文件下载

FTP 即文件传输协议。FTP 使文件和文件夹能够在 Internet 上公开传输，即上传、下载，在局域网内部使用也非常方便。

通常情况下，用户访问 FTP 服务器是要获得授权的，即要输入用户和密码进行登录，根据用户权限，决定是否允许上传、下载等。

匿名 FTP 服务器是不需要用户账号和密码的，例如 ftp://ftp. microsoft. com 是 Microsoft 提供的匿名 FTP 服务器，可供用户下载产品修补程序、驱动程序、实用程序等。

实验2

Windows 7 的基本操作

【实验目的】

1. 熟练使用 Windows 7 窗口的导航窗格。
2. 熟练掌握导航窗格下的文件操作。
3. 熟练设置不同类型文件的打开方式。
4. 掌握 Aero 界面管理。
5. 熟悉 Bitlocker 加密数据卷和 U 盘。

【实验内容】

1. 使用 Windows 7 窗口的导航窗格。

2. 导航窗格下的文件资源管理的操作。

(1) 查找文件 2014-01.docx。

(2) 将"Windows 基本操作"文件夹下 jiaoshi 文件夹中的 2014-01.docx 文件复制到"Windows 基本操作"文件夹中,文件名改为 new2014-01.docx。

(3) 将"Windows 基本操作"文件夹下 ketang 文件夹中的 2014-02.docx 文件删除。

(4) 为"Windows 基本操作"文件夹下 xuesheng 文件夹中的 2014-03.docx 文件建立名为 2014003 的快捷方式,并存放在 Windows 基本操作文件夹下。

(5) 在"Windows 基本操作"文件夹下 jiaoshi 文件夹中创建名为 2014.TXT 的文件,并设置属性为隐藏和存档。

3. 设置不同类型文件的打开方式。

(1) 通过设置默认程序,用"写字板"应用程序打开"实验 1"文件夹下的 shiyan1.rtf、shiyan2.rtf、shiyan3.rtf 三个文件。

(2) 设置 png 文件与"画板"应用程序关联,并打开"实验 1"文件夹下的 shiyan4.png 文件。

4. Aero 界面管理。

5. BitLsocker 加密数据卷和 U 盘。

实验 2.1　使用 Windows 7 窗口的导航窗格

实验步骤如下。

导航窗格可以用来查找文件和文件夹，还可以将项目直接移动或复制到目标位置。导航窗格一般包含“收藏夹”、“库”、“计算机”和“网络”4 部分。

双击“计算机”，导航窗格隐藏时，如图 2-1 所示。单击“组织”，指向“布局”，单击“导航窗格”，如图 2-2 所示。单击“导航窗格”后，显示带有导航窗格的窗口如图 2-3 所示。

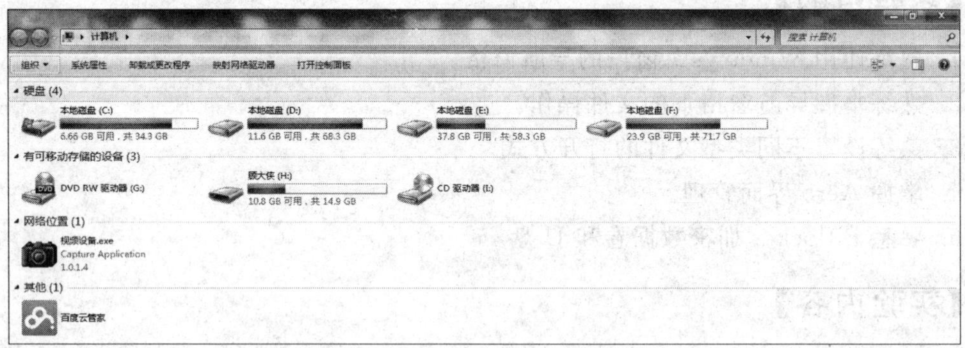

图 2-1　导航窗格隐藏

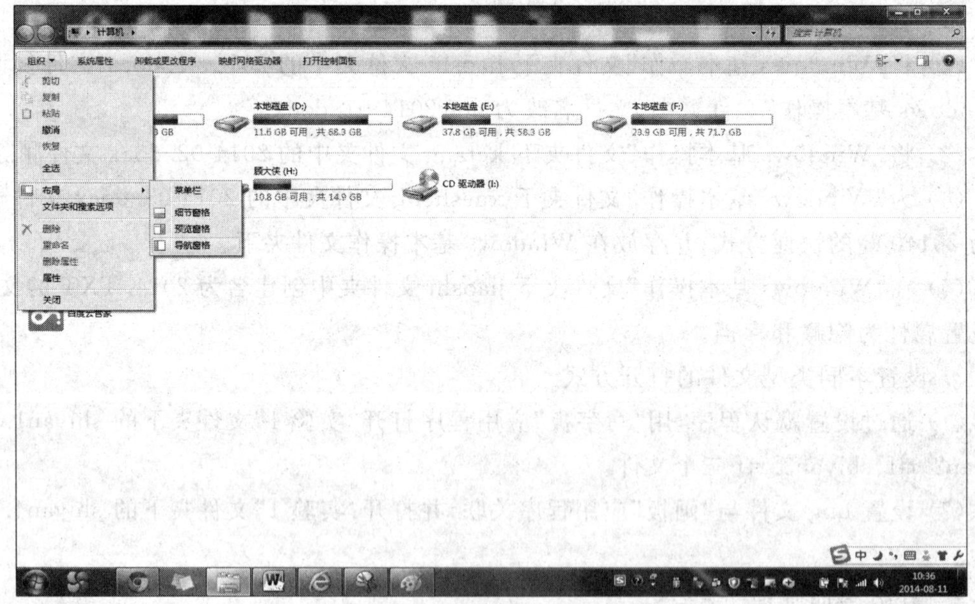

图 2-2　显示导航窗格流程

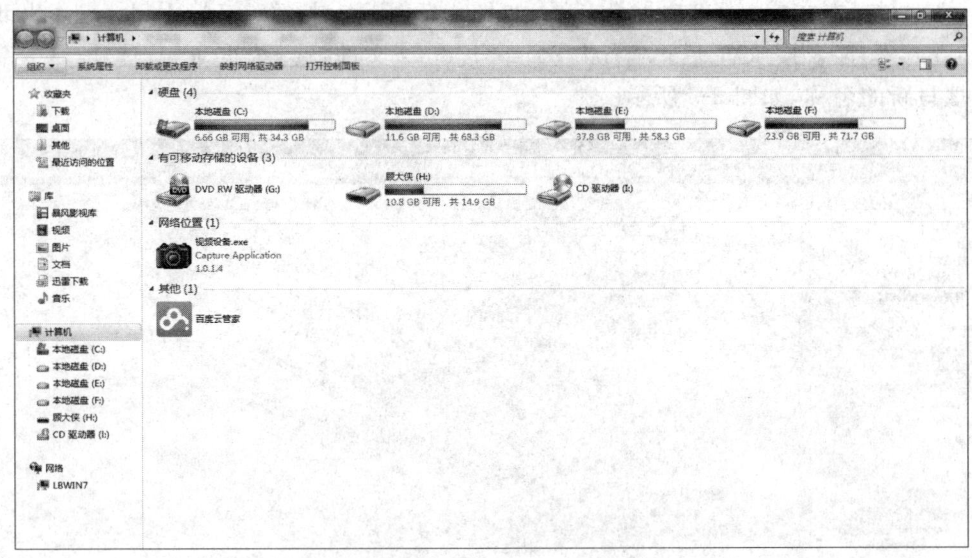

图 2-3　导航窗格显示

实验 2.2　导航窗格下的文件资源管理的操作

实验步骤如下。

(1) 查找文件 2014-01. docx。

双击“计算机”，在地址栏右侧，有一个搜索框，将要搜索的文件名输入搜索框即可，如图 2-4 所示。

图 2-4　搜索 2014-01. docx

(2) 将“Windows 基本操作”文件夹下 jiaoshi 文件夹中的 2014-01. docx 文件复制到“Windows 基本操作”文件夹中，文件名改为 new2014-01. docx。

首先，通过导航窗格选中本地磁盘 E，在子列表中选择“Windows 基本操作”文件夹，单击“Windows 基本操作”文件夹左边的三角，出现“Windows 基本操作”文件夹下的文件夹列表，再单击 jiaoshi 文件夹，屏幕右侧出现 2014-01. docx 文件，如图 2-5 所示。选中 2014-01. docx，右击，选择“复制”选项，如图 2-6 所示。在导航窗格中选择“Windows 基本操作”文件夹，右击，选择“粘贴”选项，如图 2-7 所示，文件 2014-01. docx 会出现在“Windows 基本操作”文件夹下。右击 2014-01. docx 文件，选择“重命名”选项，在“名称”栏里填写新的名称，如图 2-8 所示。

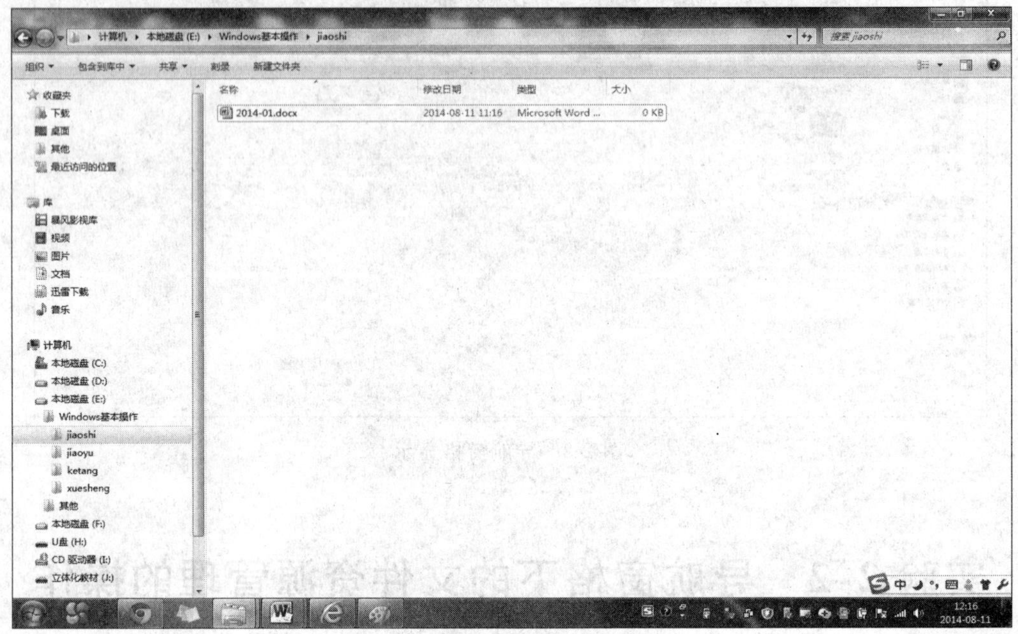

图 2-5　选择 2014-01. docx 文件

图 2-6　复制 2014-01. docx

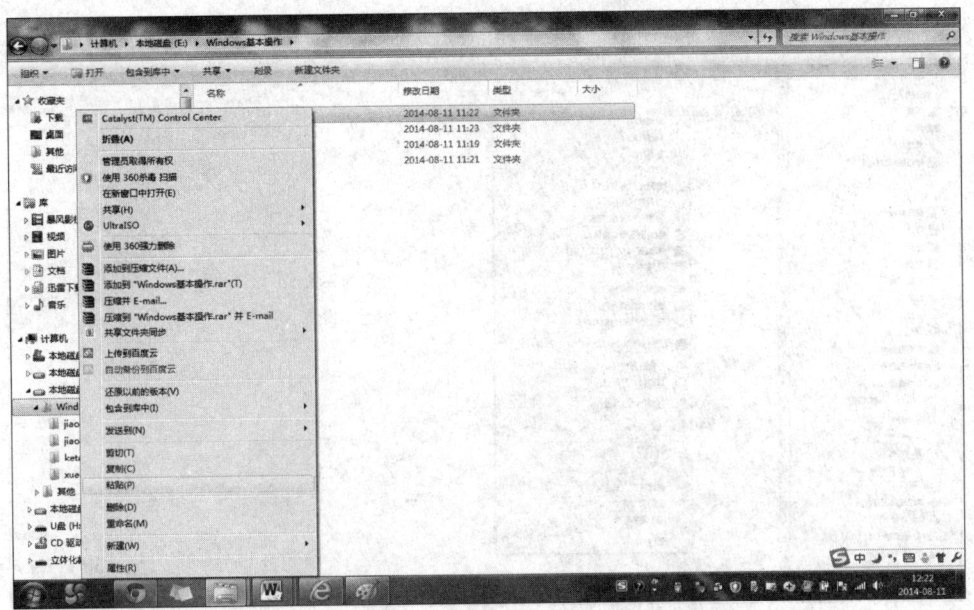

图 2-7　粘贴 2014-01. docx

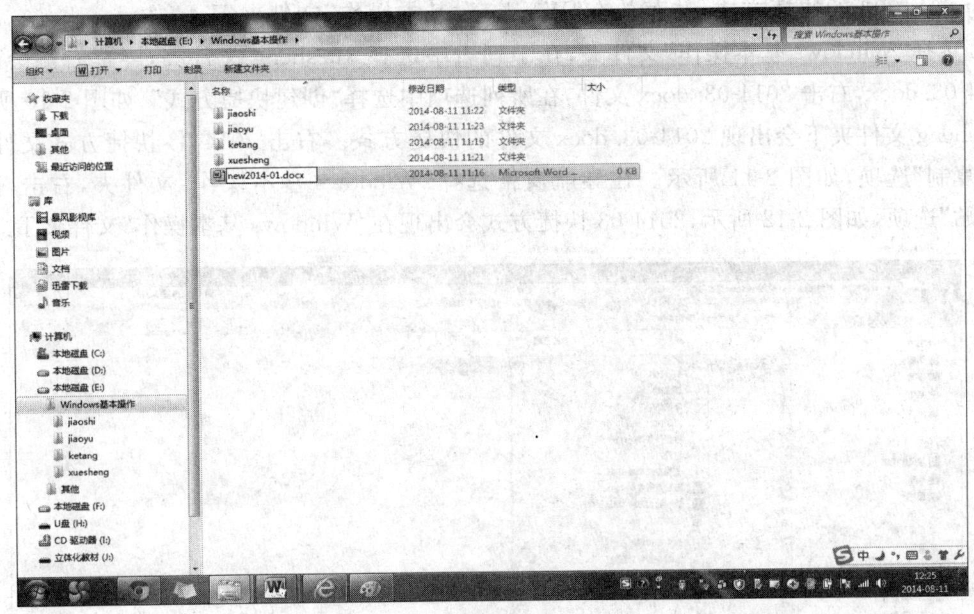

图 2-8　重命名

(3) 将"Windows 基本操作"文件夹下 ketang 文件夹中的 2014-02. docx 文件夹删除。

单击"Windows 基本操作"文件夹，在列出的子文件夹下选择 ketang 文件夹，出现 2014-02. docx 文件，右击该文件，选择"删除"选项，如图 2-9 所示。

(4) 为"Windows 基本操作"文件夹下 xuesheng 文件夹中的 2014-03. docx 文件建立

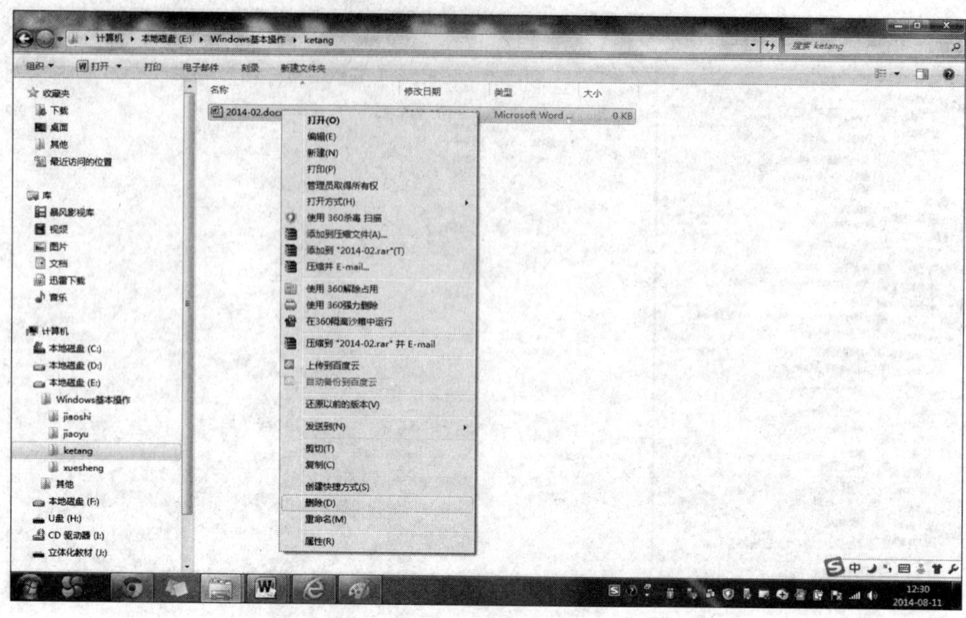

图 2-9　删除文件

名为 2014003 的快捷方式,并存放在“Windows 基本操作”文件夹下。

选择“Windows 基本操作”文件夹,在子列表中选择 xuesheng 文件夹,屏幕右侧会出现 2014-03. docx,右击 2014-03. docx 文件,在所列选项中选择“创建快捷方式”,如图 2-10 所示。xuesheng 文件夹下会出现 2014-03. docx 文件的快捷方式。右击 2014-03 快捷方式文件,选择“复制”选项,如图 2-11 所示。在导航窗格选择“Windows 基本操作”文件夹,右击,选择“粘贴”选项,如图 2-12 所示,2014-03 快捷方式会出现在“Windows 基本操作”文件夹下。

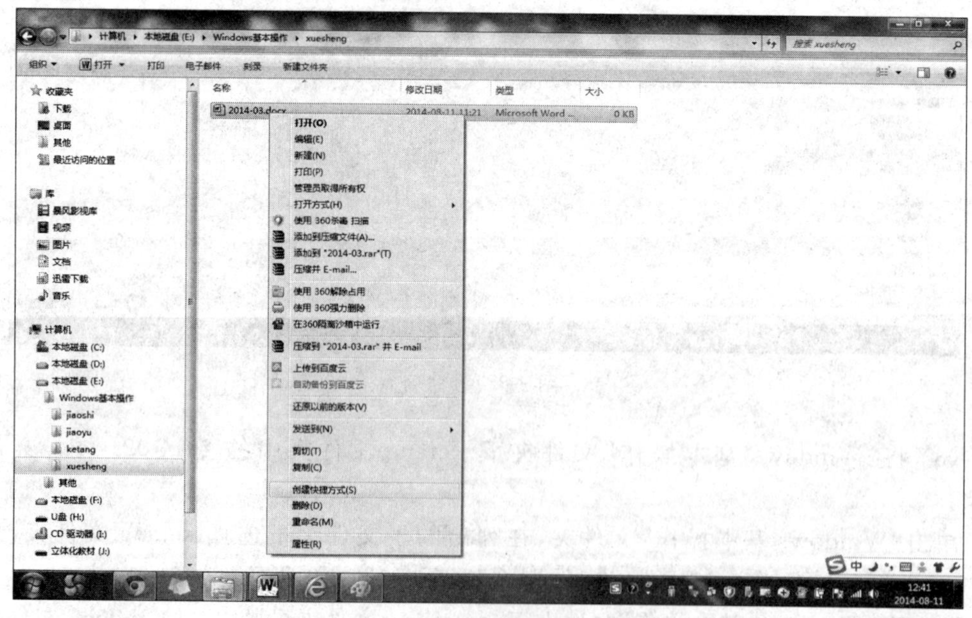

图 2-10　创建快捷方式

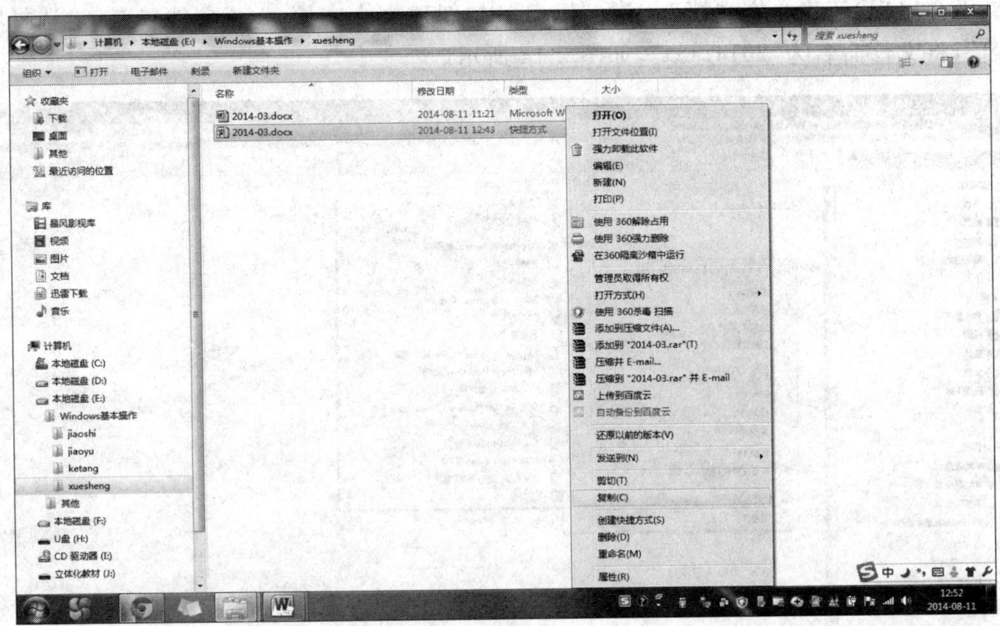

图 2-11　复制快捷方式

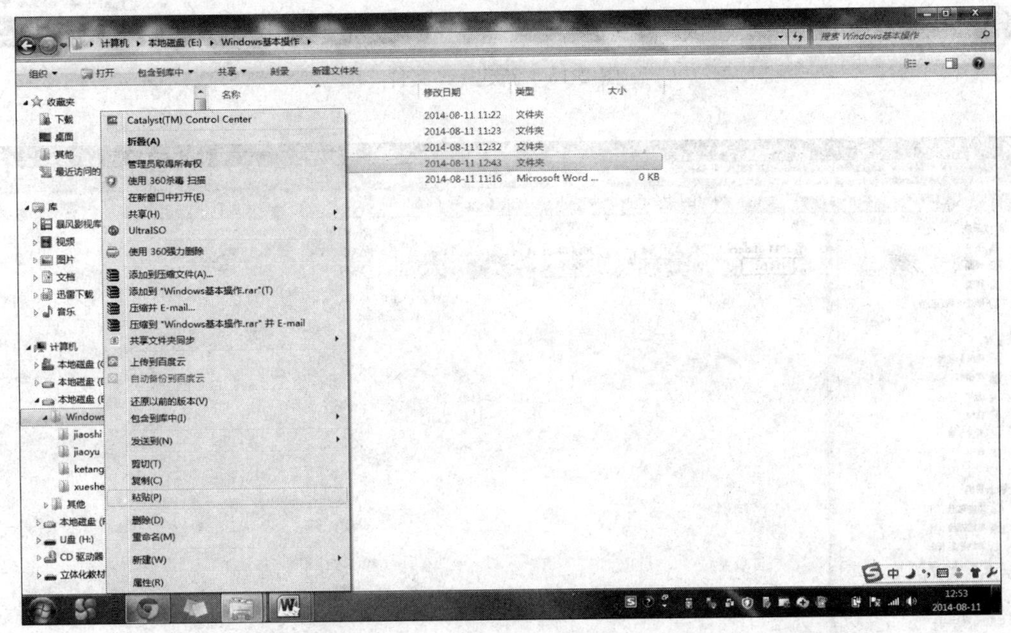

图 2-12　粘贴快捷方式

（5）在“Windows 基本操作”文件夹下 jiaoshi 文件夹中创建名为 2014. TXT 的文件，并设置属性为隐藏和存档。

在导航窗格中选中“Windows 基本操作”文件夹下的 jiaoshi 文件夹，在空白处右击，选择“新建”选项，右侧会出现一些选项，选择“文本文档”选项，如图 2-13 所示。jiaoshi 文件夹下会出现“新建文本文档.txt”文件。选中“新建文本文档.txt”文件并右击，选择“重命名”，将文件命名为“2014.txt”，如图 2-14 所示。

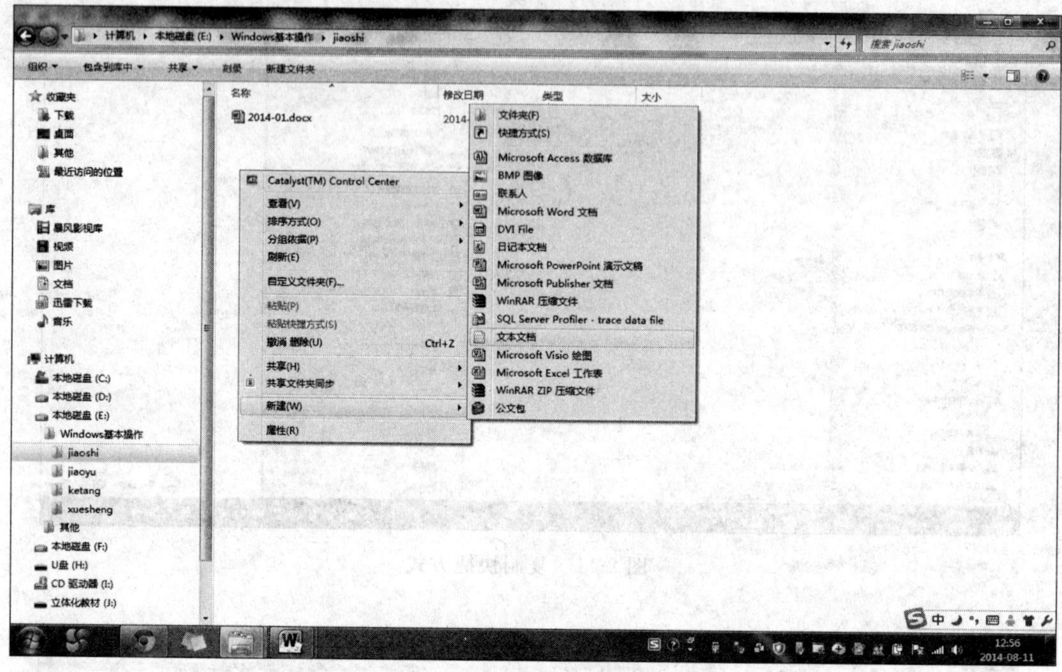

图 2-13 新建 txt 文件

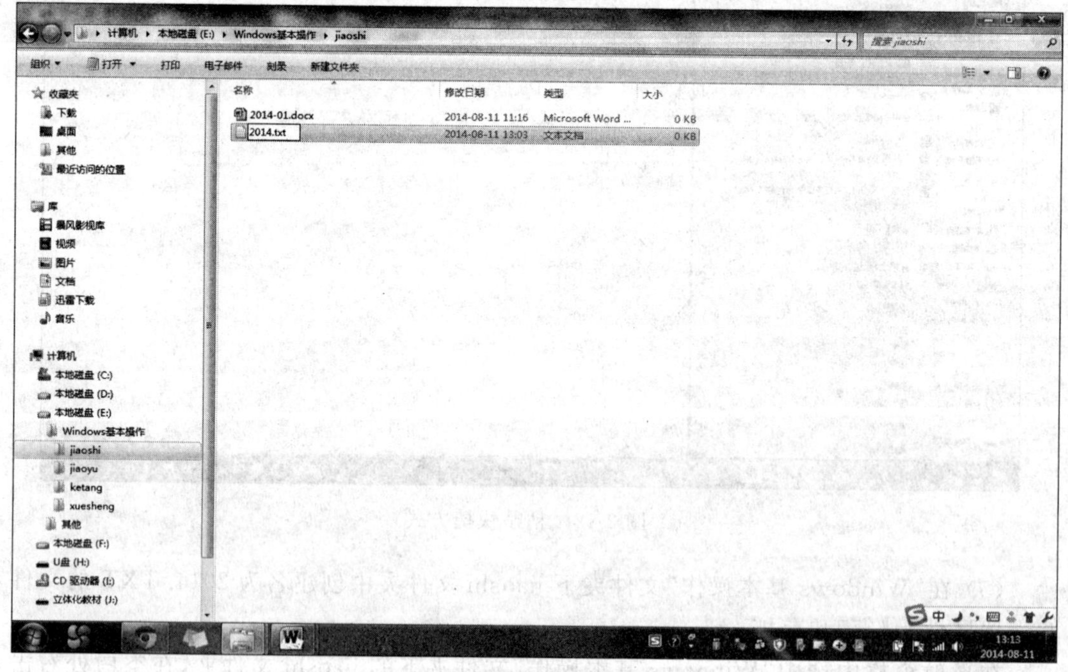

图 2-14 文件重命名

实验 2.3　熟练设置不同类型文件的打开方式

实验步骤如下。

(1) 通过设置默认程序，用“写字板”应用程序打开 E 盘上“实验 1”文件夹下的 shiyan1. rtf、shiyan2. rtf、shiyan3. rtf 三个文件。

单击“开始”菜单，选择“默认程序”选项，如图 2-15 所示。在打开的控制面板默认程序界面中选择“设置默认程序”，在其管理界面的左侧列表中选择“写字板”，并单击“选择此程序的默认值”，如图 2-16 所示。在随后的界面中，勾选 rtf 选项，单击“保存”按钮，如图 2-17 所示。

打开“实验 1”文件夹，双击 shiyan1. rtf、shiyan2. rtf 或 shiyan3. rtf 文件，系统会调用“写字板”应用程序将其打开。

(2) 设置 png 文件与“画板”应用程序关联，并打开“实验 1”文件夹中的 shiyan4. png 文件。

图 2-15　默认程序

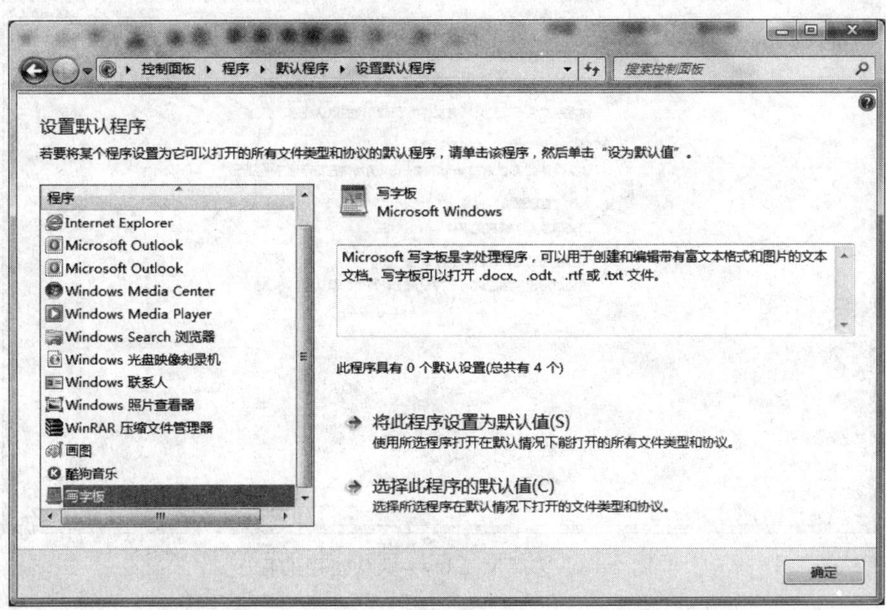

图 2-16　设置默认程序

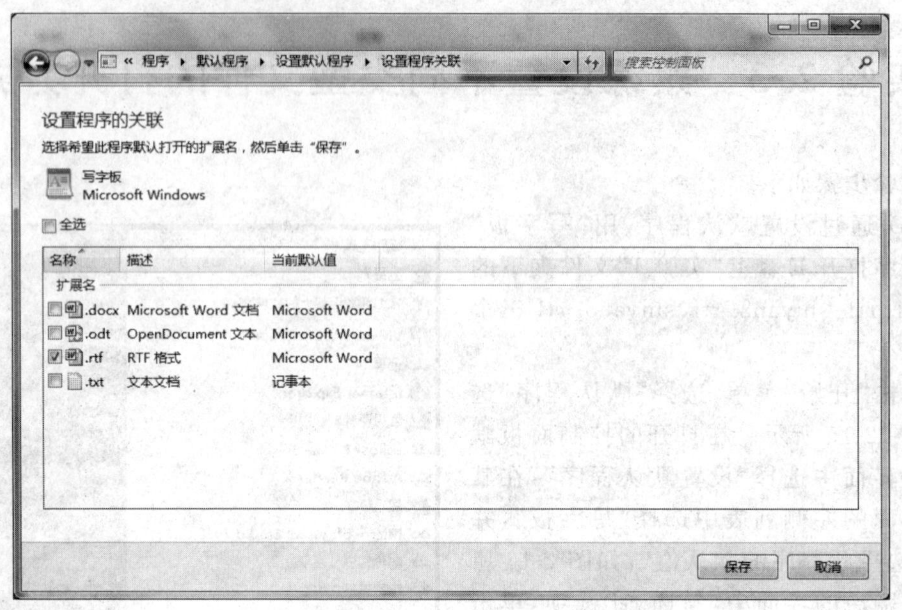

图 2-17　选择 rtf 格式

单击“开始”选择右侧列表下方的“默认程序”选项，在打开的控制面板默认程序界面中选择第二项“将文件类型或协议与程序关联”选项，如图 2-18 所示。在管理界面中选择 png 一行，然后单击右上角“更改程序”按钮，如图 2-19 所示。在打开的对话框中选择“画图”程序，单击“确定”按钮，如图 2-20 所示。

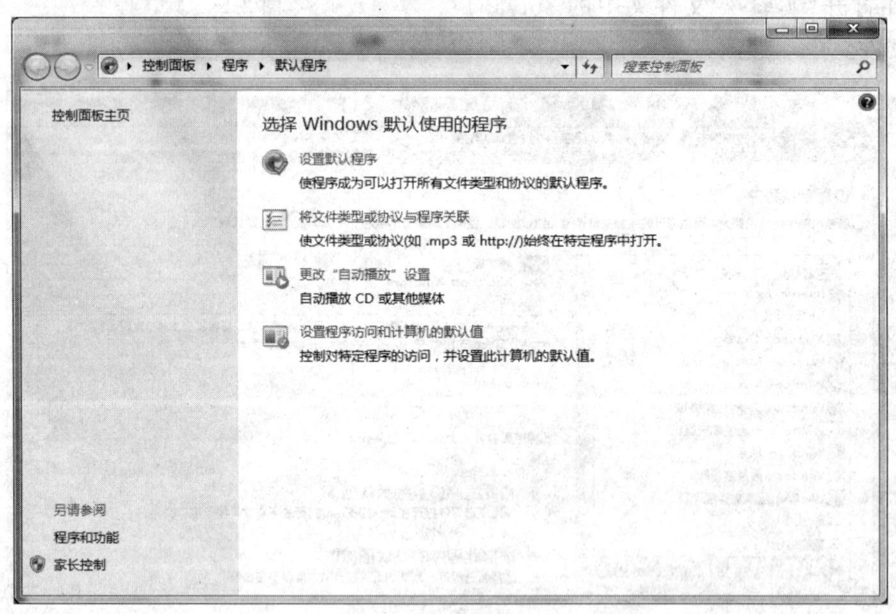

图 2-18　选择 Windows 默认使用的程序

打开“实验 1”文件夹，双击 shiyan4. png，该文件在“色板”程序被打开。

图 2-19　更改程序

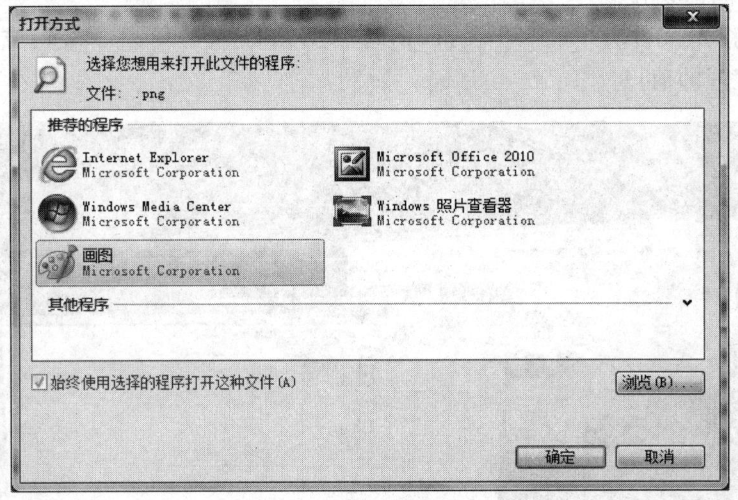

图 2-20　选择打开文件的程序

实验 2.4　Aero 界面管理

实验步骤如下。

(1) 开启 Aero 特效。

在桌面空白处右击，在弹出的快捷菜单中选择“个性化”选项，在“Aero 主题” 选项内选择 Windows 7 主题。

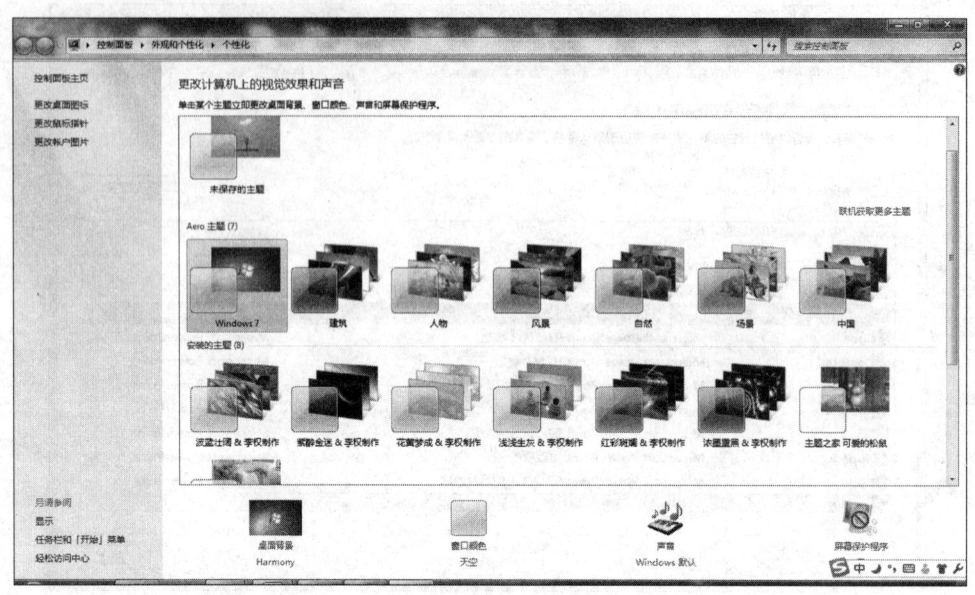

图 2-21　Aero 主题

(2) 窗口间的切换。

打开“实验 2”文件夹中的多个文件，同时按 Windows 徽标和 Tab 键或者滚动鼠标实现循环切换打开的窗口。

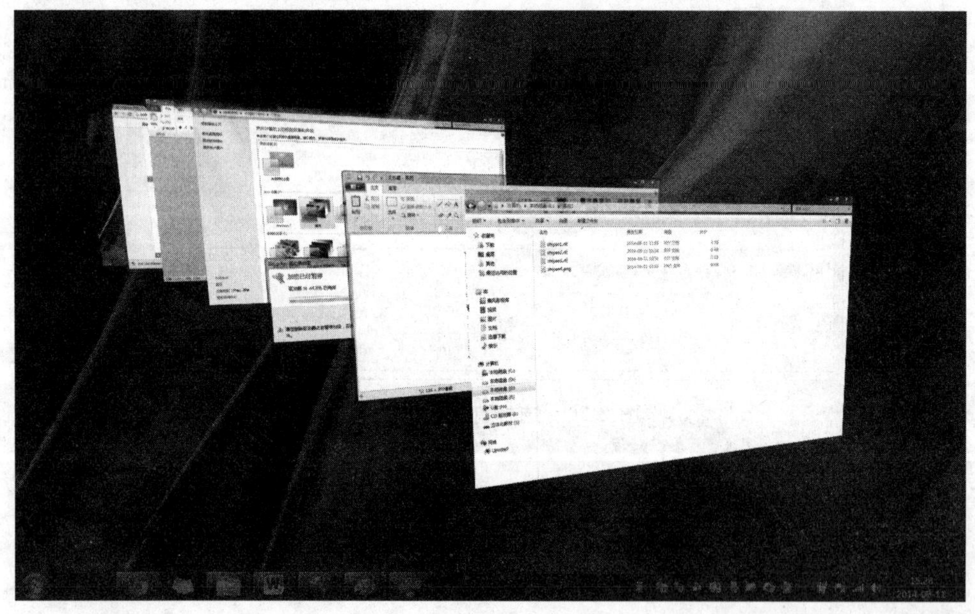

图 2-22　窗口间的切换

(3) Aero 桌面透视功能。

将鼠标移动到任务栏的最右边(屏幕右下角)的“显示桌面”按钮，可以看到所有打开的窗口都被隐藏，当鼠标从“显示桌面”按钮上移开后，所有窗口恢复正常。

单击“显示桌面”按钮，此时所有窗口都被隐藏，鼠标移开后窗口依旧隐藏，再次单击“显示桌面”按钮，所有隐藏的窗口将重新显示。

打开多个窗口，选择其中一个窗口，鼠标左键移到窗口最前端，按住左键，晃动鼠标，其他窗口会隐藏起来，再次将鼠标左键移到窗口最前端，按住左键，晃动鼠标，其他窗口会显现出来。

实验 2.5 BitLocker 加密数据卷和 U 盘

实验步骤如下。

Windows BitLocker 驱动器加密功能通过加密 Windows 操作系统卷上存储的所有数据来更好地保护计算机中的数据。BitLocker 使用 TPM(TPM 是一个微芯片，设计用于提供基本安全性相关功能，主要涉及加密密钥。TPM 通常安装在台式计算机或者便携式计算机的主板上，通过硬件总线与系统其余部分通信)帮助保护 Windows 操作系统和用户数据，并确保计算机即使在无人参与、丢失或被盗的情况下也不会被篡改。BitLocker 还可以在没有 TPM 的情况下使用。若要在计算机上使用 BitLocker 而不使用 TPM，则必须通过使用组策略更改 BitLocker 安装向导的默认行为，或通过使用脚本配置 BitLocker。使用 BitLocker 而不使用 TPM 时，所需加密密钥存储在 USB 闪存驱动器中，必须提供该驱动器才能解锁存储在卷上的数据。

单击“开始”菜单，单击“计算机”。右击 U 盘，在弹出的菜单中选择 BitLocker，如图 2-23 所示。随后 BitLocker 会对驱动器进行初始化。

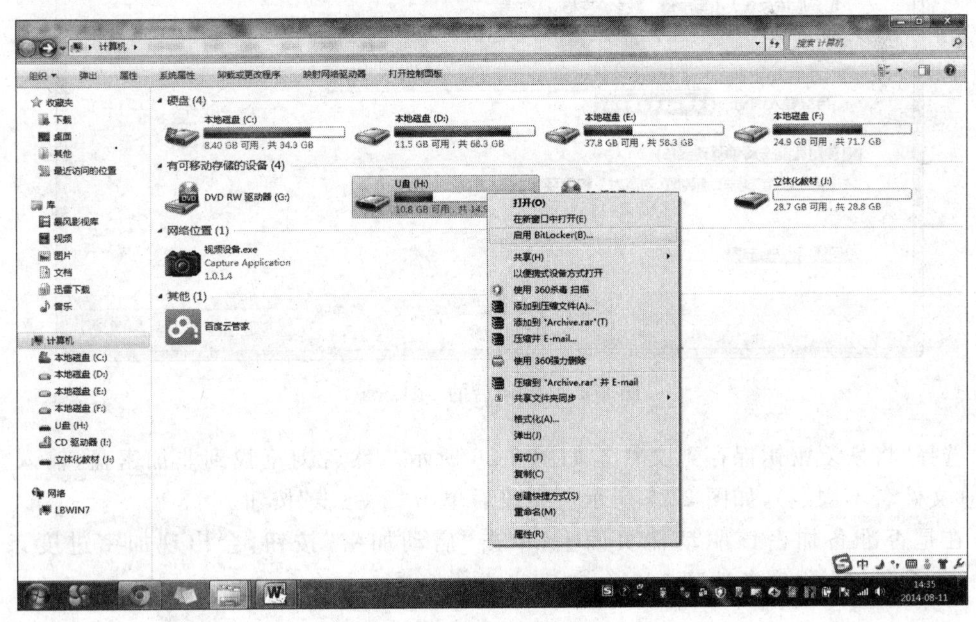

图 2-23 启用 BitLocker

图 2-24 显示启动中的 BitLocker，启动完成后，在页面上选择“使用密码解锁驱动器”，并输入密码 mali1775088，然后单击“下一步”按钮，如图 2-25 所示。

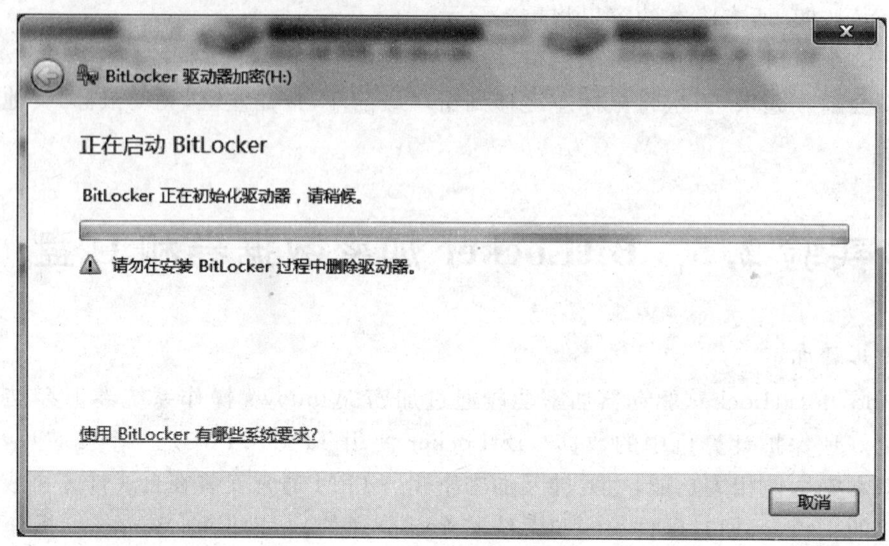

图 2-24 启动中的 BitLocker

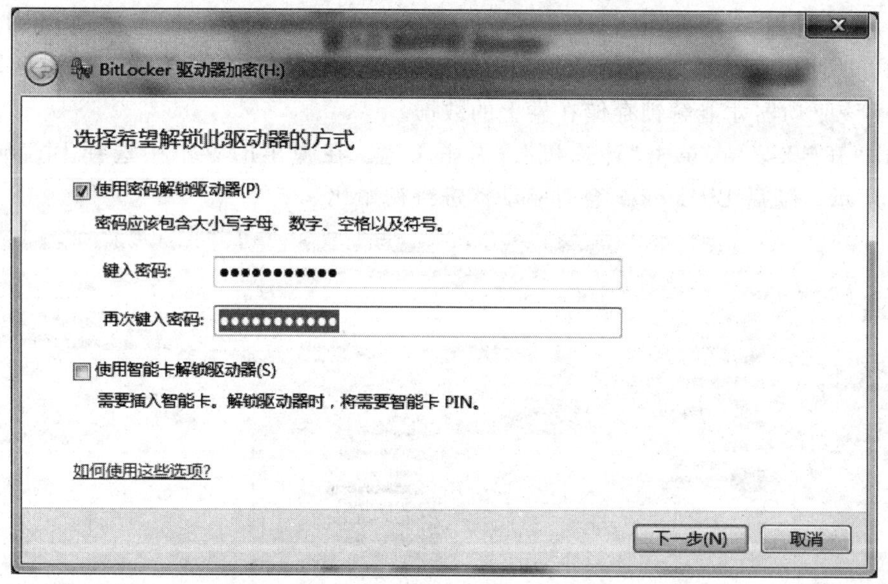

图 2-25 启动后的 BitLocker

选择“将恢复密钥保存到文件”，如图 2-26 所示。然后浏览找到非加密盘，输入文件名称(文件名不固定)，如图 2-27 所示。完成后单击“下一步”按钮。

在是否准备加密该驱动器页面上，单击“启动加密”按钮，会出现加密进度条，如图 2-28 所示。当进度条达到 100%，加密完成。

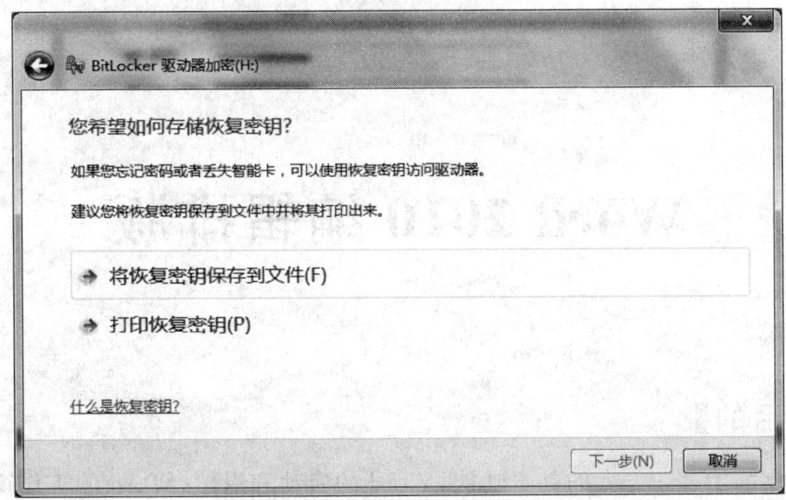

图 2-26　如何恢复密钥

图 2-27　保存密钥

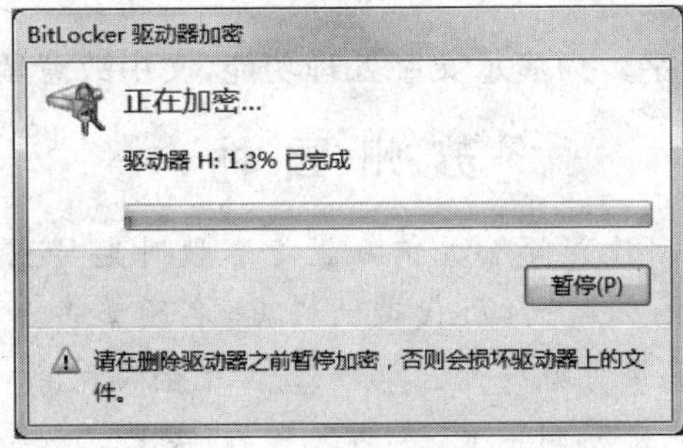

图 2-28　正在加密

实验3

Word 2010 编辑排版

【实验目的】

1. 熟练掌握中文 Word 的基本功能，Word 的启动和退出，Word 的工作窗口。
2. 熟练掌握一种汉字输入法。
3. 掌握文档的创建、打开，文档的编辑（文字的选定、插入、删除、查找和替换等基本操作），多窗口和多文档的编辑。
4. 熟练掌握文档的保护、赋值、删除、插入和打印等基本操作。
5. 熟练掌握字体、字号的设置，段落格式和页面格式的设置与打印预览。
6. 掌握 Word 的图形功能，Word 的图形编辑器及其使用。
7. 掌握 Word 的表格制作，表格中数据的输入与编辑，数据的排序和计算。

【实验内容】

大学毕业论文在写作上均有一定的格式要求，主要是页眉页脚及目录等设置。页眉和页脚用来插入页码和日期等文本，也可以插入图形、符号。

目录的作用是列出文档中的各章节名称及各章节页码位置，使读者通过目录快速了解书刊的主题。在编制目录前，首先要将文档用标题样式格式化，大纲视图最适合设置和编写标题。下面就以某大学对论文的格式要求来设置页眉、页脚和目录。

实验 3.1　文 字 处 理

本实验将处理下述文字。为演示文字处理功能，文中故意留下一些错误。

苏 州 园 林

苏州古典元林的历史可上溯至公元前 6 世纪春秋时期吴王的园囿，私家元林最早见于记载的是东晋（4 世纪）的辟疆园，历代造园兴盛，名园繁多。明清时期，苏州成为中国最繁华的地区，私家元林遍布古城内外。16—18 世纪全盛时期，苏州有元林 200 余处，保存尚好的有数十处，并因此使苏州素有“人间天堂”的美誉。

苏州古典元林，一向被称为“文人元林”。白居易在《草堂记》中说：“覆篑土为台，聚拳石为山，环斗水为池”，这是文人元林的范式。苏州元林充分体现了“自然美”的主旨，在设计构筑中，采用因地制宜，借景、对景、分景、隔景等种种手法来组织空间，造成元林中曲折多变、小中见大、虚实相间的景观艺术效果。通过叠山理水，栽植花木，配置元林建筑，形成充满诗情画意的文人写意山水元林，在都市内创造出人与自然和谐相处的“城市山林”。

苏州元林吸收了江南元林建筑艺术的精华，是中国优秀的文化遗产，理所当然被联合国列为人类与自然文化遗产。苏州元林善于把有限空间巧妙地组成变幻多端的景致，结构上以小巧玲珑取胜。网师园、狮子林、拙政园、留园统称“苏州四大名园”，素有“江南元林甲天下，苏州元林甲江南”之誉。苏州元林代表了中国私家元林的风格和艺术水平，是不可多得的旅游胜地。

苏州元林是时间的艺术、历史的艺术。元林中大量的匾额、楹联、书画、雕刻、碑石、家具陈设、各式摆件等，无一不是点缀元林的精美艺术品，无不蕴含着中国古代哲理观念、文化意识和

苏州元林景色优美，从而吸引了很多文人骚客纷纷留下墨宝。如唐朝的张继《枫桥夜泊》：“月落乌啼霜满天，江枫渔火对愁眠。姑苏城外寒山寺，夜半钟声到客船。”杜荀鹤的“君到姑苏间，人家皆枕河。古宫闲地少，水港小桥多。”文徵明提拙政园若墅堂的“怜人境无车马，信有山林在市城。”，等等，都为苏州元林增加了文化性和艺术性。

实验步骤如下。

(1) 创建、保存和关闭 Word 文档

右击桌面，在出现的菜单栏中选择“新建”→“Microsoft Word 文档”，双击桌面上新建的 Word 文档，写入内容，内容写完后，单击“文件”选项中的“保存”进行文档保存。如果不想在当前位置保存文档，可以选择“另存为”选项，选择保存位置，在“文件名”中填写新的文件名，然后单击“保存”按钮即可，具体如图 3-1 所示。

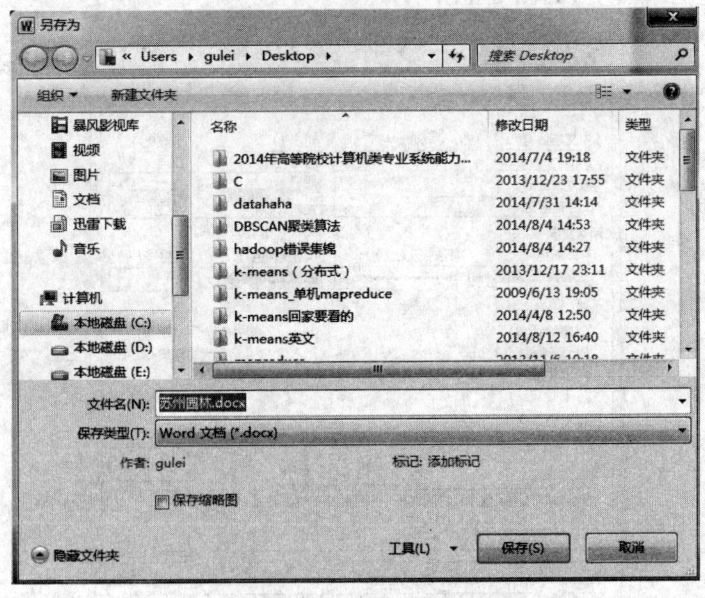

图 3-1 “另存为”对话框

(2) 编辑文本

① 将文中所有“元林”替换为“园林”。

按住鼠标左键，滑动鼠标指针，选中要替换的文字段落(此处选择全文)，单击“开始”工具栏中的“替换”命令，在“查找内容”中填写“元林”，在“替换为”中填写“园林”，然后单击“全部替换”按钮，如图 3-2 所示。

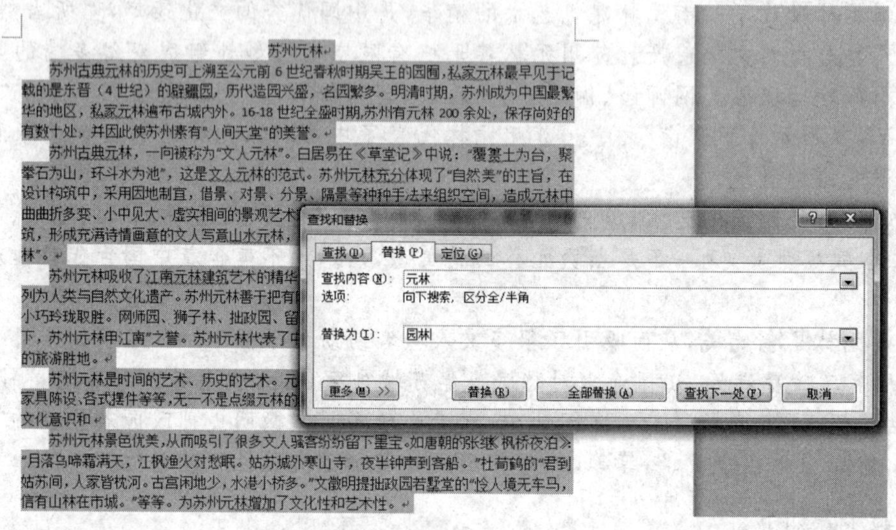

图 3-2 全部替换

② 将标题设置为二号黑体、红色、加粗，并添加黑色波浪下划线。

按住鼠标左键，滑动鼠标选中文章标题。右击，在出现的菜单中选择“字体”，设置中文字体为“黑体”，字形为“加粗”，字号为“二号”，字体颜色为“红色”，下划线类型为“波浪线”，下划线颜色为“黑色”，如图 3-3 所示。

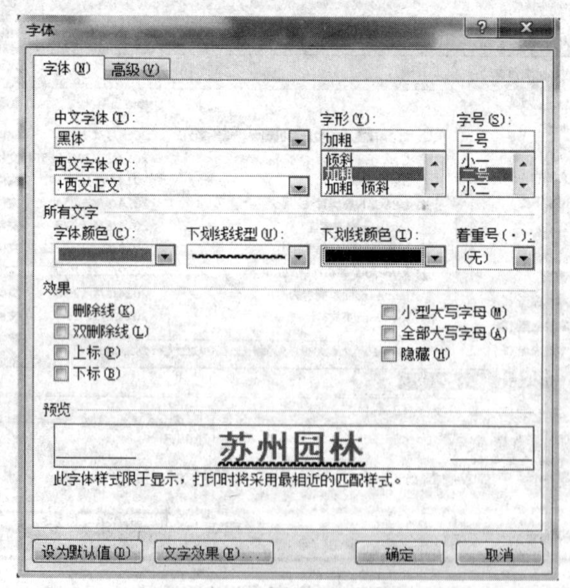

图 3-3 字体处理

③ 将正文各段文字设置为五号楷体，第一段首字下沉，各段落左、右各缩进 0.5 字符，首行缩进 1 厘米，1.5 倍行距，段前间距 0.5 行，最后一段分为两栏。

按住鼠标左键选中各段文字，右击，在出现的菜单中选择"字体"，将其中的"中文字体"设置为"楷体"，将"字号"设置为"五号"，如图 3-4 所示。

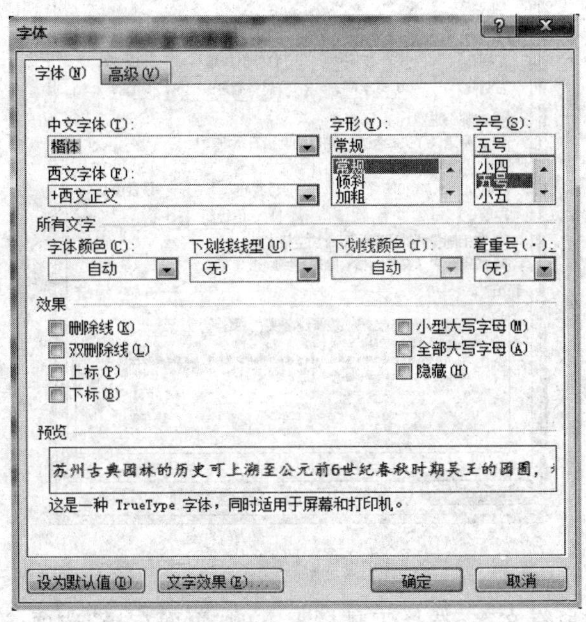

图 3-4　设置字体

选中第一段，单击工具栏上方的"插入"命令，选择"文本"选项中的"首字下沉"选项，如图 3-5 所示。

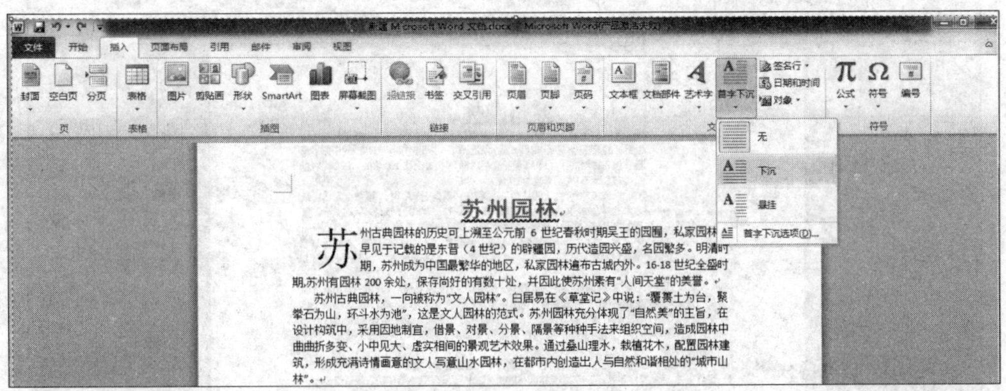

图 3-5　首字下沉

选中各段文字，右击，在出现的菜单栏中选择"段落"命令，设置其中的"缩进"下的"左侧"和"右侧"都设置为"0.5 字符"，"特殊格式"中选择"首行缩进"，其磅值设置为"1 厘米"，选择"间距"下的"段前"并设置为"0.5 行"。"行距"选择"1.5 倍行距"，然后单击"确定"按钮，如图 3-6 所示。

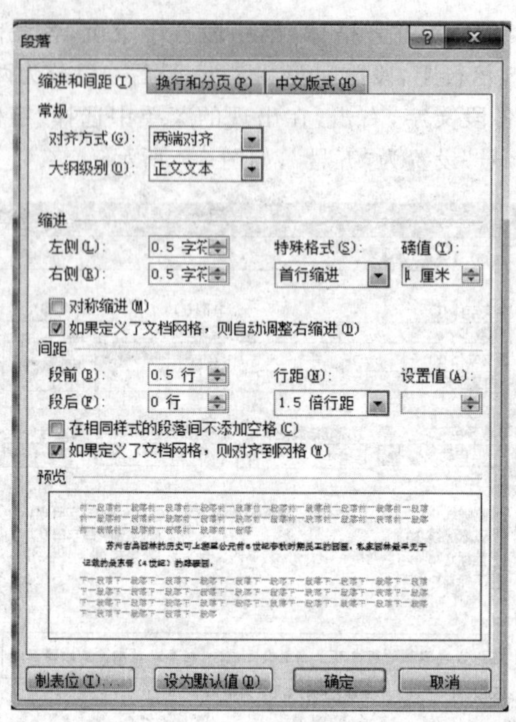

图 3-6　段落设置

选中最后一段的所有文字，选择工具栏上方的“页面布局”选项，选择其中“页面设置”中的“分栏”命令，出现子菜单，选择其中的“两栏”即可，具体如图 3-7 所示。

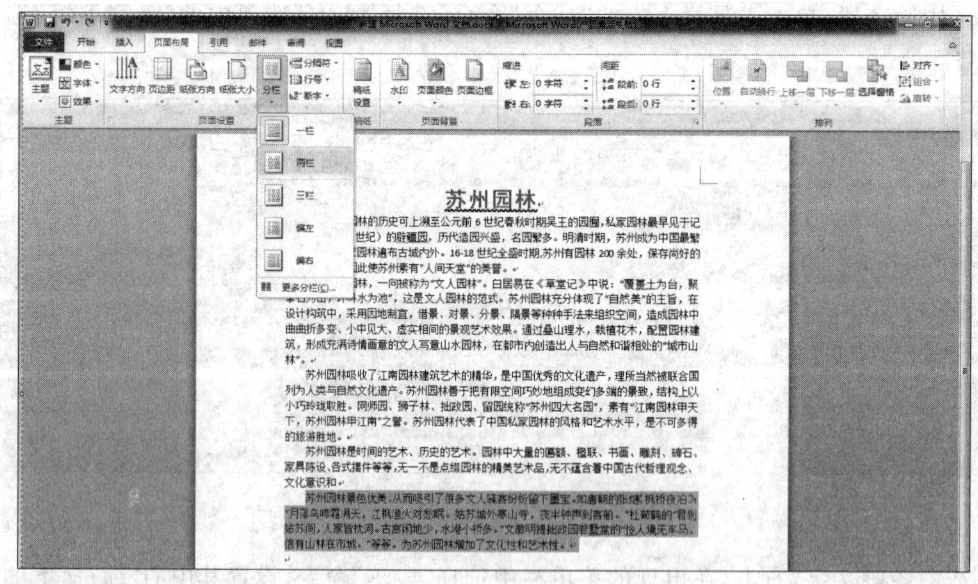

图 3-7　分栏

④ 页面设置与文档打印。

选择工具栏上方的“页面布局”选项，在工具栏中选择“页面设置”工具栏，如图 3-8 所示。单击“页面设置”右下角的小图标，会出现“页面设置”对话框，如图 3-9 所示。在其中可以对“页边距”、“纸张”等进行设置。

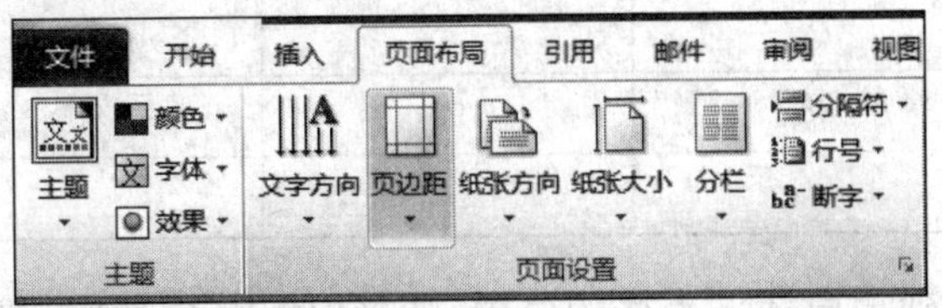

图 3-8 “页面设置”工具栏

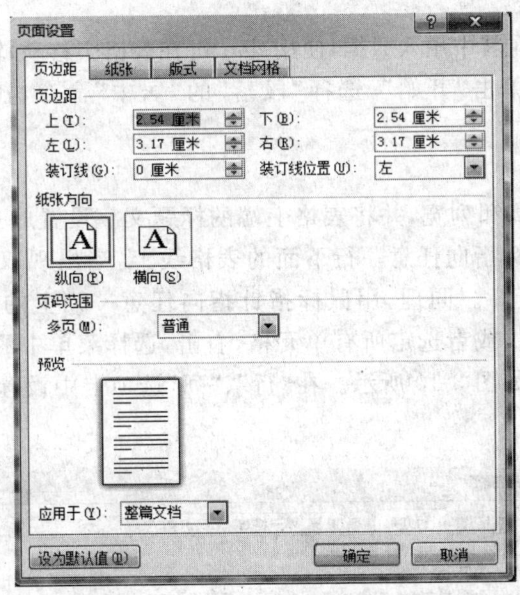

图 3-9 “页面设置”对话框

选择“文件”中的“打印”命令，显示“打印”对话框，选择打印机，设置页面类型和打印份数等，单击“确定”按钮即可打印。

实验 3.2 表格操作

实验步骤如下。

(1) 创建如下表格。

姓名	计算机网络	操作系统	数据结构	个人平均分
刘欢	89	84	76	
马尚	86	92	84	
张钢	91	86	86	

续表

姓名	计算机网络	操作系统	数据结构	个人平均分
郭天	78	95	78	
顾松	88	90	80	
单科平均分				

将光标指针移动到需要插入表格的位置，选择“插入”中的“表格”命令，单击“表格”命令，拖动鼠标选择表格的行数和列数，或者单击“插入表格”命令，在弹出的“插入表格”对话框中设置行数和列数。

然后单击单元格，在其中填入数据，使用 Tab 键在表格中移动，输入各单元格的内容。

选中所有单元格，单击“开始”，选择“段落”的“居中”命令，让单元格中的内容居中显示。

（2）表格编辑

① 调整表格的行高和列宽，并将表格上端的标题文字设置成三号、仿宋、加粗。

改变行高时，用鼠标指向任意一行下面的表格线上，当出现双向箭头时，按住鼠标左键上下拖动可以改变行高。同理，用鼠标指针指向任意一列上的表格线，出现双向箭头时，拖动鼠标改变列宽。或者选定所有单元格，右击，选择菜单中的“表格属性”命令，会出现“表格属性”对话框，如图 3-10 所示。在“行”、“列”选项卡中设置“行高”和“列宽”，单击“确定”按钮。

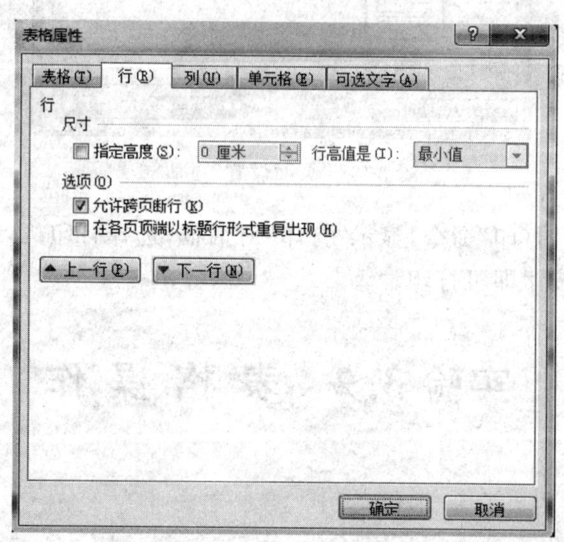

图 3-10 “表格属性”对话框

选中标题所在行，选择“开始”选项，在“字体”栏中选中字号为“三号”，字体选择“仿宋”，并单击“加粗”对标题进行加粗操作，具体如图 3-11 所示。

② 在表格下方增加一行，右边增加一列，分别用于计算单科平均分和个人平均分。并将个人平均分由高到低排序。

将光标定位至表格任意一个单元格，右击，在菜单中选择“插入”命令，分别选择“在右侧插入列”和“在下方插入行”命令。在插入的行的最左边的单元格中输入“单科平均分”，在插入列的最上方单元格中输入“个人平均分”。

将光标分别定位到“单科平均分”行的各个单元格，单击工具栏上方的“布局”选项，选择“数据”栏中的“公式”命令，出现“公式”对话框。选择粘贴函数 AVERAGE 计算平均值，输入计算范围 ABOVE，如图 3-12 所示。单击“确定”按钮。

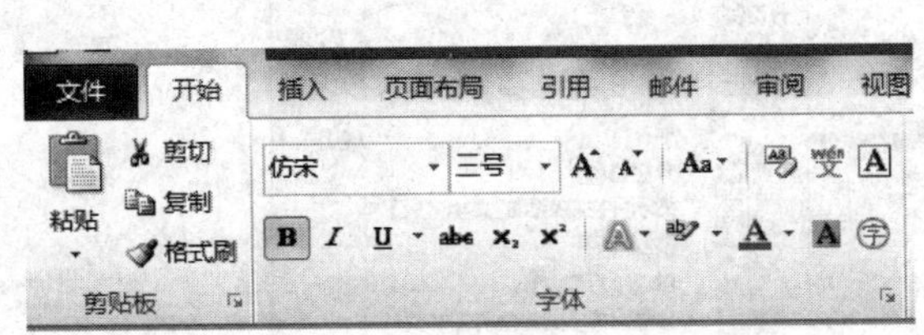

图 3-11　设置标题字体

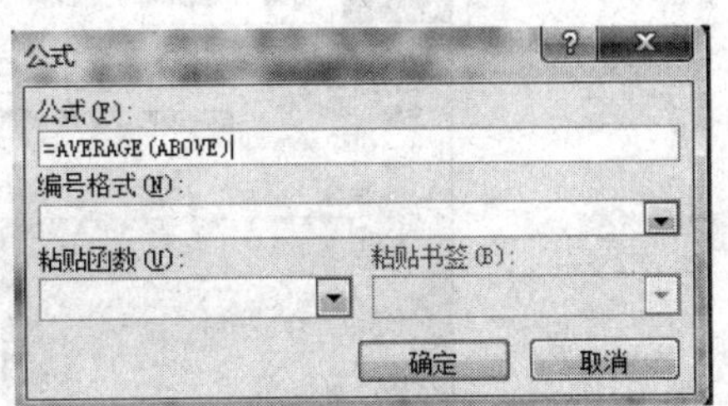

图 3-12　“公式”对话框

同理，计算个人平均分，与计算“单科平均分”相同，只需将计算范围 ABOVE 更改为 LEFT 即可。

选定要排序的表格，选择工具栏上方的“布局”选项，选择“数据”栏中的“排序”命令，打开“排序”对话框，如图 3-13 所示。在“主要关键字”框中要排序的行或列的关键字，在“类型”框中选择“数字”，按照“降序”排列，单击“确定”按钮。

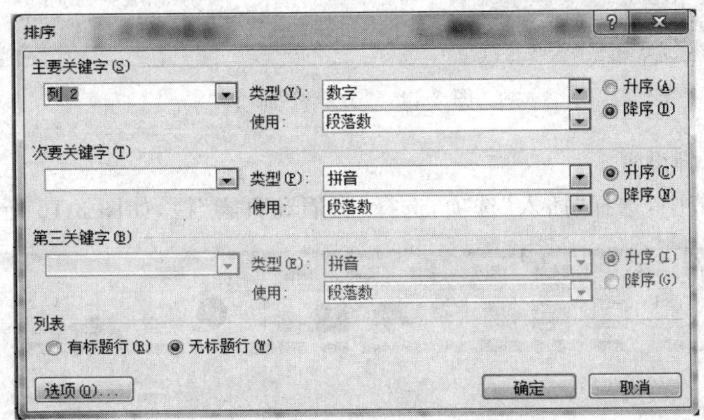

图 3-13　“排序”对话框

实验 3.3　论 文 编 辑

实验步骤如下。

(1) 论文分节

一般论文要求，摘要和目录部分用罗马字母 Ⅰ、Ⅱ、Ⅲ 等作为页码，正文部分用数字

1、2、3 等作为页码，在同一个文档中插入不同的页眉页脚，需要插入分节符将文档分节，然后在不同的节中设置不同的页眉页脚。

插入分节符，将光标定位到需要分节的页面，选择“页面布局”选项，找到“页面设置”栏，选择其中的“分隔符”命令，如图 3-14 所示。其中有“分页符”和“分节符”，按需要选择“分节符”中的一项。

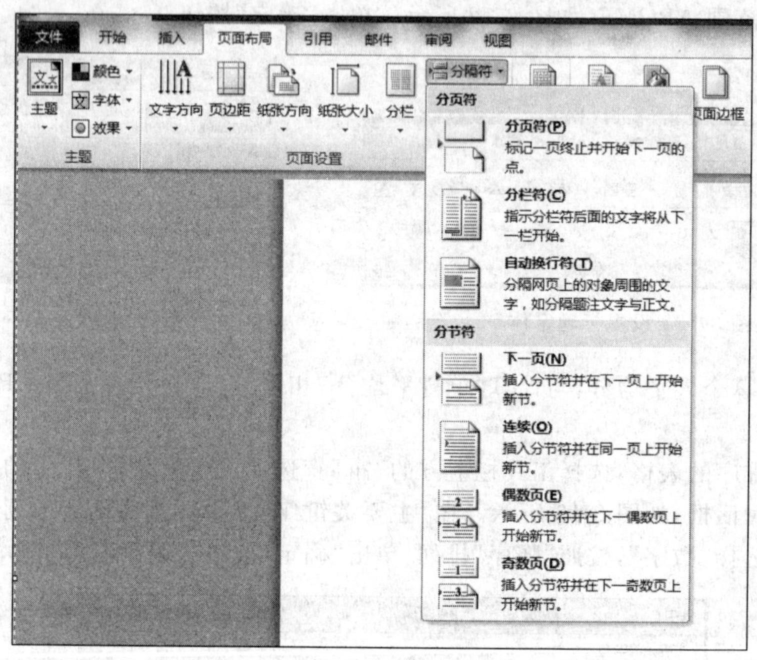

图 3-14 “分隔符”命令

(2) 页眉页脚设置

① 在第一节中，选择“插入”选项，选择“页眉和页脚”栏，如图 3-15 所示。

图 3-15 页眉和页脚

② 单击“页眉”命令，可以选择“页眉”类型，此处选择“空白”类型，在页眉编辑区最左边输入“南京××××本科毕业论文”，按空格键，让光标移动到页眉右边，输入“第”字和“页”字，然后将光标移动到“第”和“页”中间，单击“页码”选项，选择其中的“设置页码格式”按钮，将页码格式设置为罗马字母，如图 3-16 所示。

③ 单击“页码”选项中的“当前位置”，选择其中的第一条“普通数字”，如图 3-17 所示。

④ 页眉的字号均为小五号，字体为宋体，如图 3-18 所示。

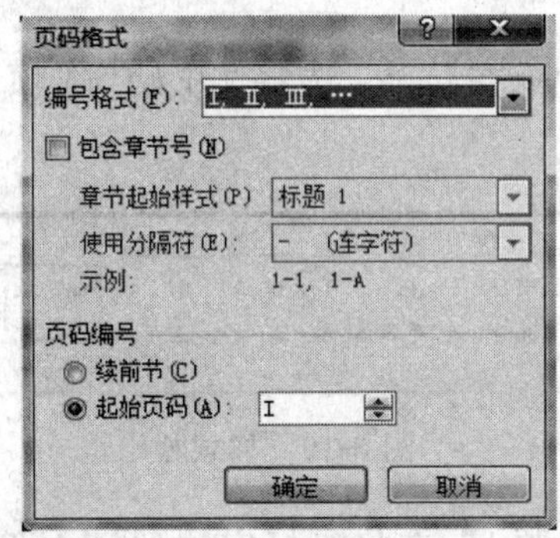

图 3-16 “页码格式”对话框

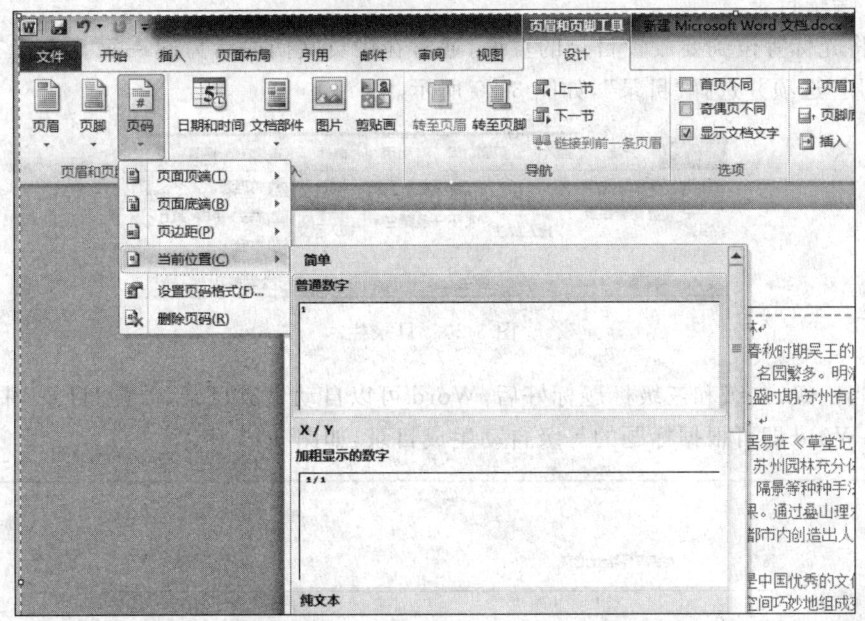

图 3-17 插入页码

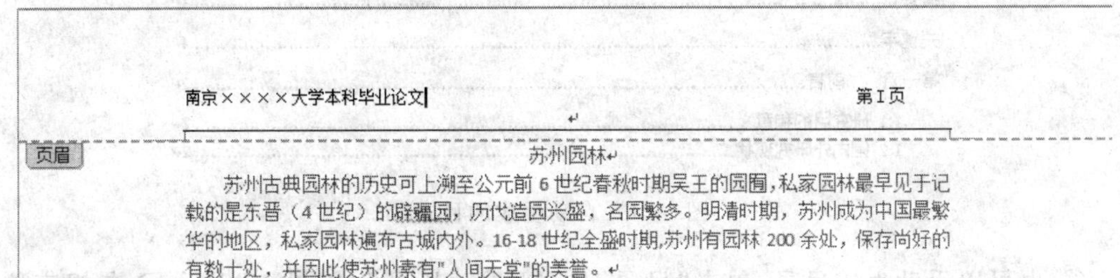
南京××××大学本科毕业论文　　第Ⅰ页

页眉

苏州园林

苏州古典园林的历史可上溯至公元前 6 世纪春秋时期吴王的园囿，私家园林最早见于记载的是东晋（4 世纪）的辟疆园，历代造园兴盛，名园繁多。明清时期，苏州成为中国最繁华的地区，私家园林遍布古城内外。16-18 世纪全盛时期,苏州有园林 200 余处，保存尚好的有数十处，并因此使苏州素有"人间天堂"的美誉。

图 3-18 页眉编辑结果

⑤ 页脚的编辑方法和页眉一致，在文档的第二节插入页眉和页脚，操作步骤同上。不同点为“设置页码格式”中“编号格式”选择阿拉伯数字 1,2,3…，“起始页码”设置为 1。

(3) 设置章节的标题样式

① 将光标定在文章标题所在位置，选择“开始”选项中的“样式”一栏，如图 3-19 所示。

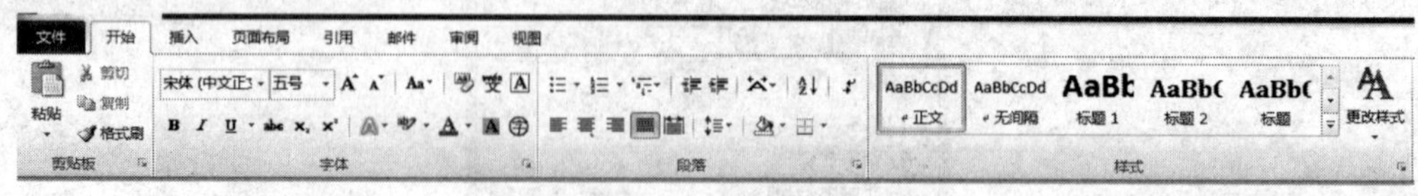

图 3-19 样式栏

② 在“样式”栏中选择“标题 1”，在将光标定位到每一章节下面的节标题处，设置样式为“标题 2”，根据需要再设置下面的三级标题。

(4) 编辑目录

① 将光标等位到要放置目录的页面，通常在中英文摘要后另起一页。选择工具栏上方的“引用”选项并选择“目录”，如图 3-20 所示。

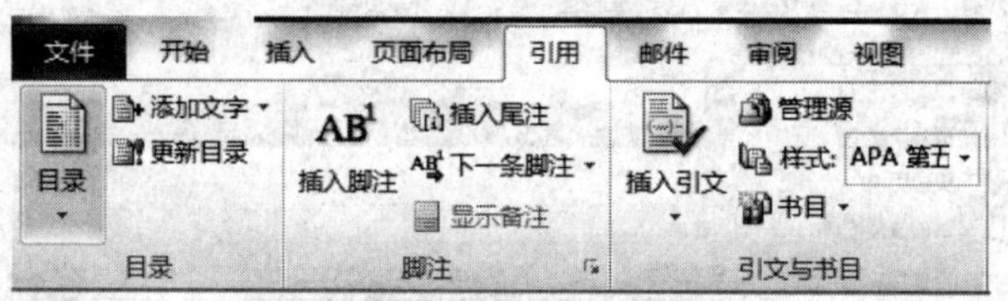

图 3-20 目录栏

② 当一级、二级和三级标题标好后，Word 可以自动生成目录，单击“目录”中的“自动目录 1”，Word 即可根据标题的等级自动生成目录，如图 3-21 所示。

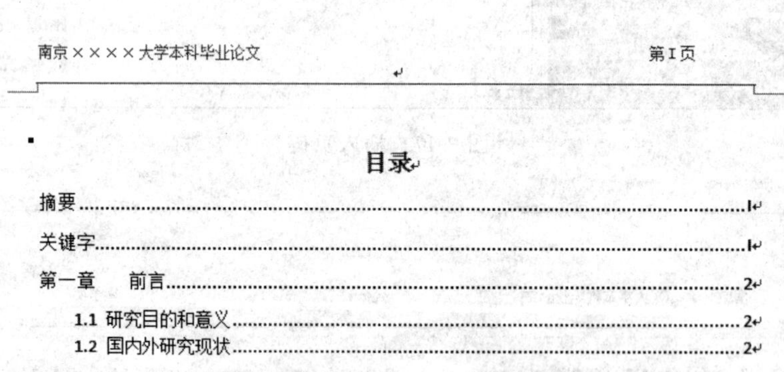

图 3-21 自动生成的目录

③ 也可以手动生成目录，单击“目录”中的“手动目录”，如图 3-22 所示，在相应位置填上标题即可。如果没有喜欢的样式，可以单击“插入目录”进行设置。

④ 更新目录。

编制目录后，如果在文档中进行更改操作，从而导致标题页码的变化，就需要更新目录。

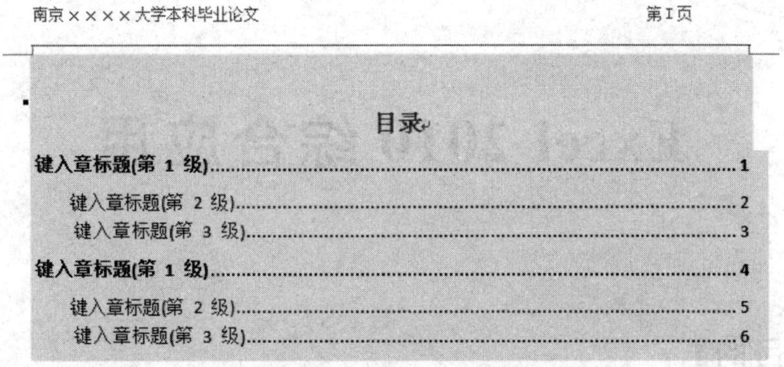

南京××××大学本科毕业论文 第I页

目录

键入章标题(第 1 级)..1

键入章标题(第 2 级)..2

键入章标题(第 3 级)..3

键入章标题(第 1 级)..4

键入章标题(第 2 级)..5

键入章标题(第 3 级)..6

图 3-22 手动生成的目录

更新目录时，只需选中目录并右击，在弹出的右键菜单中单击“更新域”，弹出“更新目录”对话框，如图 3-23 所示。如果只想更新页码，那么在弹出的“更新目录”对话框中选择“只更新页码”即可。

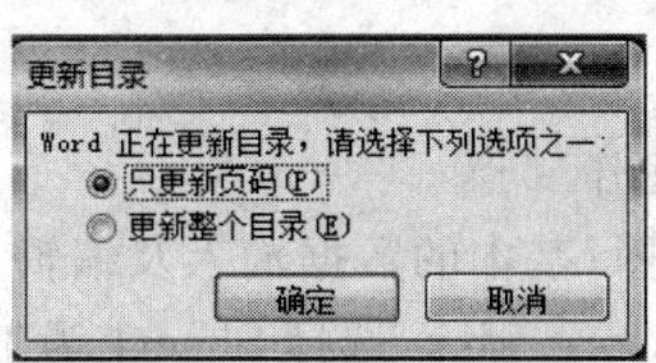

图 3-23 “更新目录”对话框

实验 4

Excel 2010 综合应用

【实验目的】

1. 熟练掌握 Excel 2010 的启动和退出。

2. 熟练掌握工作簿和工作表格的创建、输入、编辑和保存等基本操作。

3. 掌握在 Excel 2010 中利用公式、函数等输入数据。

4. 掌握在 Excel 2010 中进行分类汇总。

【实验内容】

1. Excel 2010 的启动和退出。

2. 创建 Excel,对单元格进行基本的数据输入及编辑。

创建一个工作簿,命名为 score. xlsx,选择 Sheet1 为工作表,并重命名为"成绩表",将表 4-1 所示内容输入到"成绩表"工作表中,复制"算法设计"列,并插入到"算法设计"后面,将该列的课程名称命名为"图像处理"。删除学号为"2014002"的数据行。

表 4-1 成绩表

学 号	姓 名	计算机基础	C 语言	算法设计	总成绩	平均成绩
2014001	王猛	88.5	90	79		
2014002	顾磊	96	85	81		
2014003	王丽	79	81	83		
2014004	金桐	83	78	78		
2014005	张勇	74	80	76		
2014006	刘文	91	95	87		

3. 在成绩表中使用公式及函数。

计算总成绩和平均成绩,并填入表格。

4. 创建和编辑图表。

根据成绩表中的数据创建图表。

5. 数据分类汇总。

实验 4.1　Excel 2010 的启动和退出

实验步骤如下。

(1) Excel 2010 的启动

新建 Excel：在桌面上右击，在菜单中选择“新建”，在子菜单中选择“Microsoft Excel 工作表”。Excel 2010 启动完毕。

已存在的 Excel：双击 Excel 的桌面快捷方式即可。

(2) Excel 2010 退出

方法 1：单击 Excel 窗口右上角的“关闭”按钮。

方法 2：选择“文件”选项，在子菜单中选择“退出”。

方法 3：组合键 Alt＋F4。

实验 4.2　对单元格进行基本的数据输入及编辑

实验步骤如下。

(1) 在桌面右击，在菜单中选择“新建”，在子菜单中选择“Microsoft Excel 工作表”。之后将其命名为 score. xlsx。

(2) 双击 score. xlsx 图标，打开文档。文档左下角有三个工作表分别为 Sheet1、Sheet2 和 Sheet3，此处我们选择 Sheet1 即可。右击 Sheet1，在子菜单中选择“重命名”命令，将 Sheet1 更改为“成绩表”，单击空白处确认。

(3) 将实验内容中的数据输入 Excel 中，双击表格即可输入，按 Enter 键确认。从 A1 到 G1 分别输入标题(即学号、姓名等)。在 A2 处填写 2014001，按 Enter 键确认。再选中 A2，鼠标放在 A2 右下角的填充柄处(是一个小黑点，鼠标指针移到小黑点上时变为**＋**形状)，然后按住鼠标左键向下拖，直到 A7 为止，此时 A2～A7 单元格自动填充，且 A1～A7 的数字是相同的，都为 2014001，填充完毕后，边框的右下角有“自动填充选项”图标，单击“自动填充选项”图标，在子菜单中选择“填充序列”。此时 A1～A7 中的数字称为序列，为等差数列，步长为 1，即 2014001～2014006，如图 4-1 所示。其他数据按照表中要求依次输入即可。

(4) 按照表中要求输入成绩。输入完毕后，如果想把分数圆整为整数(如 88.5 圆整为 89)，则选中单元格，右击，在子菜单中选择“设置单元格格式”命令，弹出“设置单元格格式”对话框，选择“数字”选项，在分类中选择“数值”选项，将右边的“小数位数”设置为 0，单击“确定”按钮即可，如图 4-2 所示。

(5) 插入“图像处理”列，鼠标指针移动到“总成绩”列的图标 F 上，右击，在子菜单中

图 4-1　填充序列

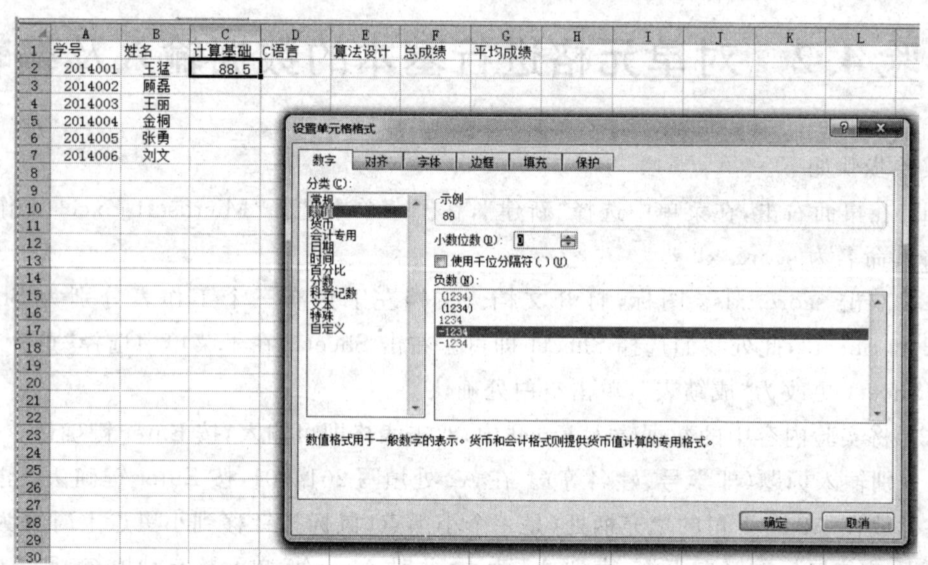

图 4-2　设置整数

选择“插入”,“总成绩”列前会插入新的列,如图 4-3 所示。然后单击“算法设计”列的图标 E,右击,选择“复制”,然后鼠标指针移动到新的列标 F 上,右击,选择“粘贴”,如图 4-4 所示。然后更改课程名称为“图像处理”即可。

(6) 单击学号为 2014002 的行的行标,右击,在弹出的菜单中选择“删除”就可以把该行删除。

(7) 设置边框。选中全部单元格,右击,在弹出的菜单中选择“设置单元格格式”命令,在弹出的对话框中选择“边框”选项,如图 4-5 所示。选择“外边框”和“内部”两项,单击“确定”按钮即可。

图 4-3　插入列

图 4-4　插入数据

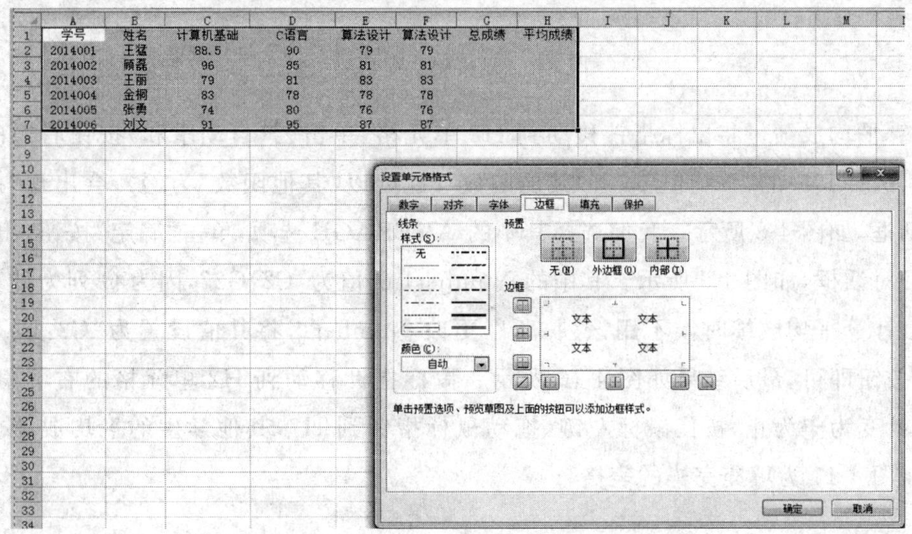

图 4-5　设置边框

实验 4.3　数据表中使用公式及函数

实验步骤如下。

选中 G2 单元格，单击“常用”工具栏中的“$\sum$自动求和”按钮，求得学号为 2014001 的学生的总成绩，如图 4-6 所示。然后选择 G2 单元格，鼠标指针移动到 G2 单元格的右下角，直到鼠标指针变成**十**符号，然后拖动鼠标指针到 G7 单元格，G3～G7 中的总成绩数据会自动填充进单元格，如图 4-7 所示。

	A	B	C	D	E	F	G	H	I
1	学号	姓名	计算机基础	C语言	算法设计	算法设计	总成绩	平均成绩	
2	2014001	王猛	88.5	90	79	79	=SUM(C2:F2)		
3	2014002	顾磊	96	85	81	81	SUM(**number1**, [number2], ...)		
4	2014003	王丽	79	81	83	83			
5	2014004	金桐	83	78	78	78			
6	2014005	张勇	74	80	76	76			
7	2014006	刘文	91	95	87	87			
8									
9									

图 4-6　求总成绩

	A	B	C	D	E	F	G	H
1	学号	姓名	计算机基础	C语言	算法设计	算法设计	总成绩	平均成绩
2	2014001	王猛	88.5	90	79	79	336.5	
3	2014002	顾磊	96	85	81	81	343	
4	2014003	王丽	79	81	83	83	326	
5	2014004	金桐	83	78	78	78	317	
6	2014005	张勇	74	80	76	76	306	
7	2014006	刘文	91	95	87	87	360	
8								
9								

图 4-7　自动填充总成绩

计算平均成绩。将鼠标指针移动到 H2 单元格，单击$\sum$(自动求和)按钮右边的倒三角图标，选择其中的“平均值”或者“其他函数”(此处以“其他函数”为例)，会出现“插入函数”对话框，如图 4-8 所示。我们选择其中的 AVERAGE 选项，单击“确定”按钮，出现“函数参数”对话框，如图 4-9 所示。其中的 Number1 的值为“C2:G2”，因为 G 列为计算后的总成绩，计算平均成绩时候不用该列，所以更改 Number1，将其值设置为“C2:F2”，单击“确定”按钮即可，最后结果如图 4-10 所示。鼠标指针移动到 H2 单元格的右下角，直到鼠标指针变为**十**为止，按住鼠标左键，拖动鼠标指针到 H7，其他学生的平均成绩也会自动填充，图 4-11 为填充完毕的表格。

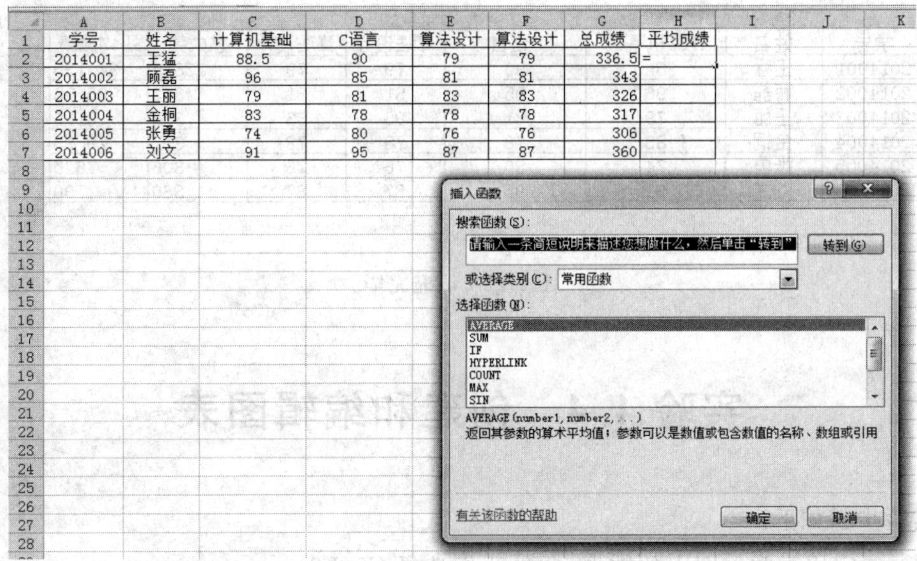

	A	B	C	D	E	F	G	H
1	学号	姓名	计算机基础	C语言	算法设计	算法设计	总成绩	平均成绩
2	2014001	王猛	88.5	90	79	79	336.5	=
3	2014002	顾磊	96	85	81	81	343	
4	2014003	王丽	79	81	83	83	326	
5	2014004	金桐	83	78	78	78	317	
6	2014005	张勇	74	80	76	76	306	
7	2014006	刘文	91	95	87	87	360	

图 4-8　插入函数

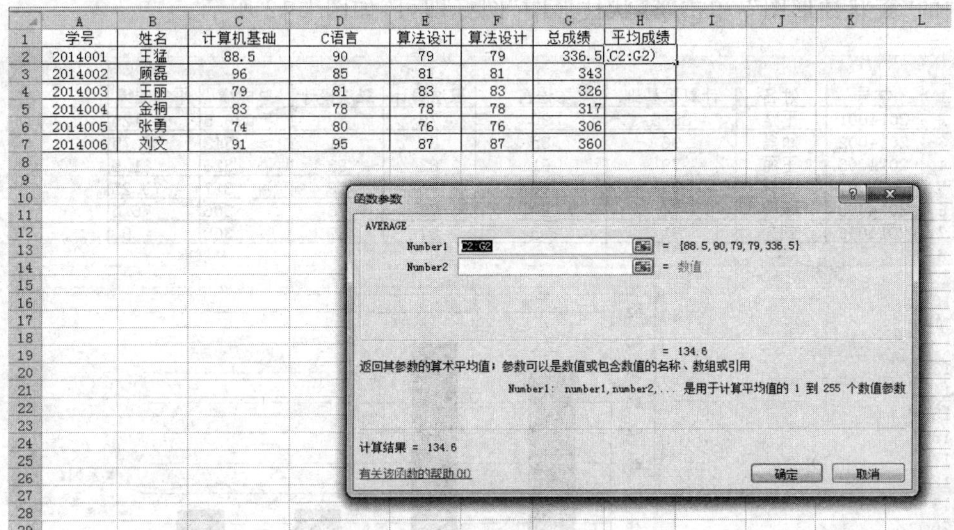

	A	B	C	D	E	F	G	H
1	学号	姓名	计算机基础	C语言	算法设计	算法设计	总成绩	平均成绩
2	2014001	王猛	88.5	90	79	79	336.5	C2:G2)
3	2014002	顾磊	96	85	81	81	343	
4	2014003	王丽	79	81	83	83	326	
5	2014004	金桐	83	78	78	78	317	
6	2014005	张勇	74	80	76	76	306	
7	2014006	刘文	91	95	87	87	360	

图 4-9　设置函数参数

	A	B	C	D	E	F	G	H
1	学号	姓名	计算机基础	C语言	算法设计	算法设计	总成绩	平均成绩
2	2014001	王猛	88.5	90	79	79	336.5	84.125
3	2014002	顾磊	96	85	81	81	343	
4	2014003	王丽	79	81	83	83	326	
5	2014004	金桐	83	78	78	78	317	
6	2014005	张勇	74	80	76	76	306	
7	2014006	刘文	91	95	87	87	360	
8								

图 4-10　计算平均成绩

	A	B	C	D	E	F	G	H	I
1	学号	姓名	计算机基础	C语言	算法设计	算法设计	总成绩	平均成绩	
2	2014001	王猛	88.5	90	79	79	336.5	84.125	
3	2014002	顾磊	96	85	81	81	343	85.75	
4	2014003	王丽	79	81	83	83	326	81.5	
5	2014004	金桐	83	78	78	78	317	79.25	
6	2014005	张勇	74	80	76	76	306	76.5	
7	2014006	刘文	91	95	87	87	360	90	
8									
9									

图 4-11　填充完毕

实验 4.4　创建和编辑图表

实验步骤如下。

(1) 选定用于常见图表的数据，此处我们选择 C2:F2。

(2) 单击工具栏上方的“插入”选项，选择“图表”中的“柱形图”，然后选择“二维柱形图”中的“簇状柱形图”，单击“簇状柱形图”图标即可，如图 4-12 所示。

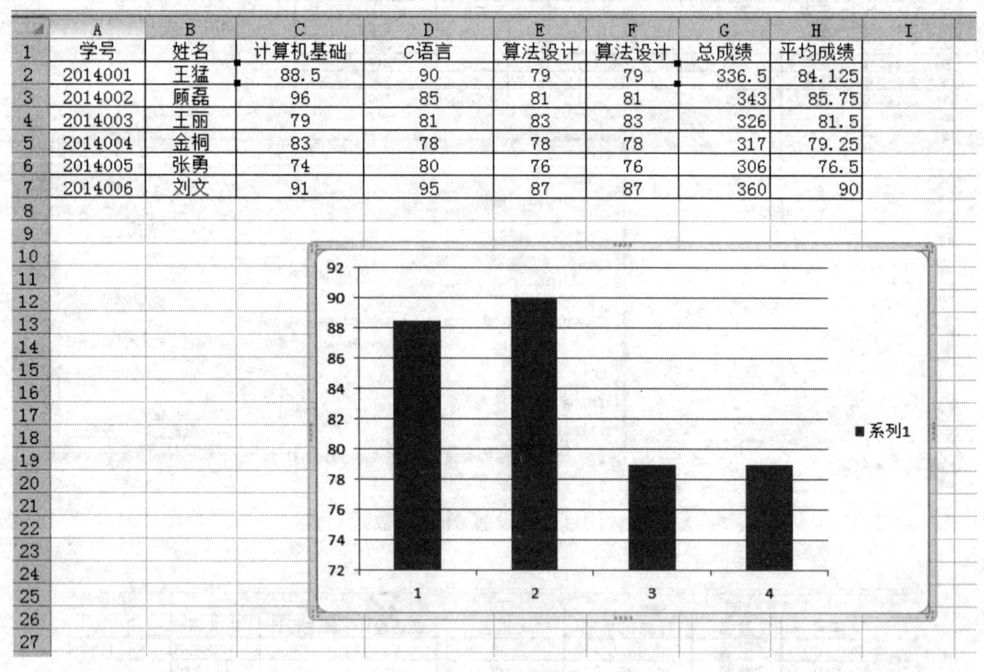

	A	B	C	D	E	F	G	H	I
1	学号	姓名	计算机基础	C语言	算法设计	算法设计	总成绩	平均成绩	
2	2014001	王猛	88.5	90	79	79	336.5	84.125	
3	2014002	顾磊	96	85	81	81	343	85.75	
4	2014003	王丽	79	81	83	83	326	81.5	
5	2014004	金桐	83	78	78	78	317	79.25	
6	2014005	张勇	74	80	76	76	306	76.5	
7	2014006	刘文	91	95	87	87	360	90	

图 4-12　簇状柱形图

(3) 单击图表，可以调整图表的大小，如图 4-13 所示。可以对图表进行移动(按住鼠标左键拖动图表)、复制(右击图表，选择“复制”)，删除(右击图表，选择“删除”)等操作。

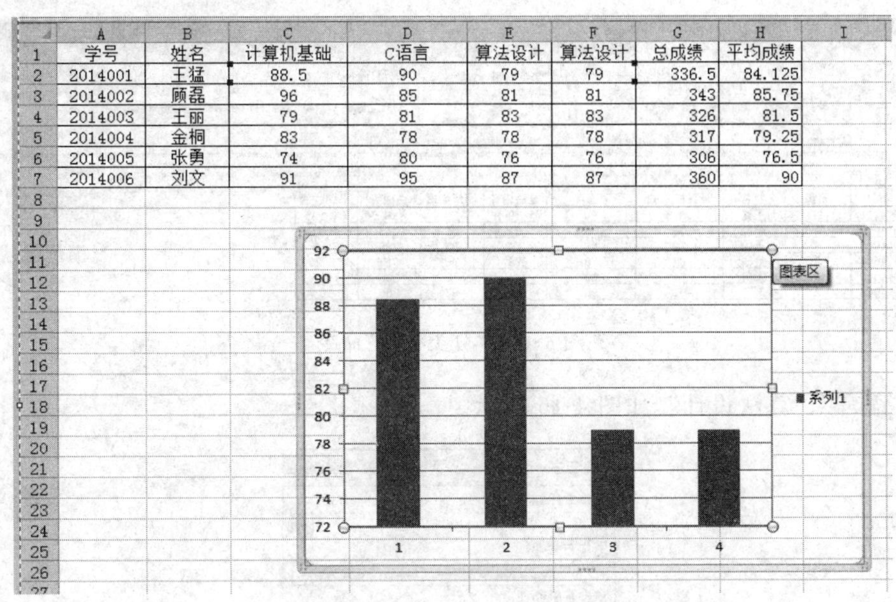

图 4-13　调整图表大小

实验 4.5　数据分类汇总

实验步骤如下。

(1) 为了实现数据的分类汇总，我们将在示例中增加“班级”一列，如图 4-14 所示。

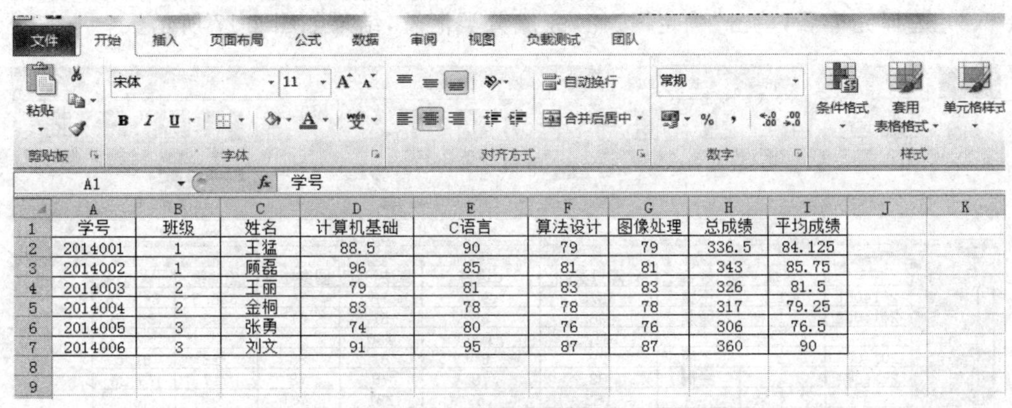

图 4-14　增加“班级”列

(2) 单击表格中任何一个数据单元格，单击菜单栏上方的“数据”选项，选择其中的“分级显示”中的“分类汇总”命令，如图 4-15 所示。

(3) 单击“分类汇总”命令，会出现“分类汇总”对话框。根据自己需求选择“分类字段”、“汇总方式”和“选定汇总项”数据项。此处我们分别选择“班级”、“求和”和“计算机基

	A	B	C	D	E	F	G	H	I
1	学号	班级	姓名	计算机基础	C语言	算法设计	图像处理	总成绩	平均成绩
2	2014001	1	王猛	88.5	90	79	79	336.5	84.125
3	2014002	1	顾磊	96	85	81	81	343	85.75
4	2014003	2	王丽	79	81	83	83	326	81.5
5	2014004	2	金桐	83	78	78	78	317	79.25
6	2014005	3	张勇	74	80	76	76	306	76.5
7	2014006	3	刘文	91	95	87	87	360	90

图 4-15 “分类汇总”命令

础”、“C 语言”、“算法设计”，如图 4-16 所示。

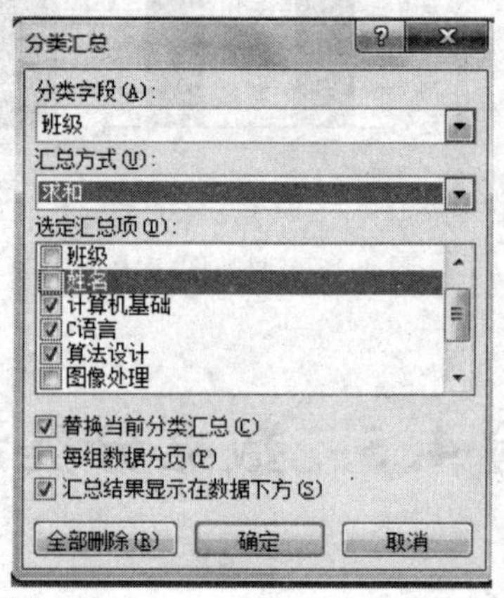

图 4-16 “分类汇总”对话框

(4) 选择完毕后，单击“确定”按钮，完成分类汇总，结果如图 4-17 所示。

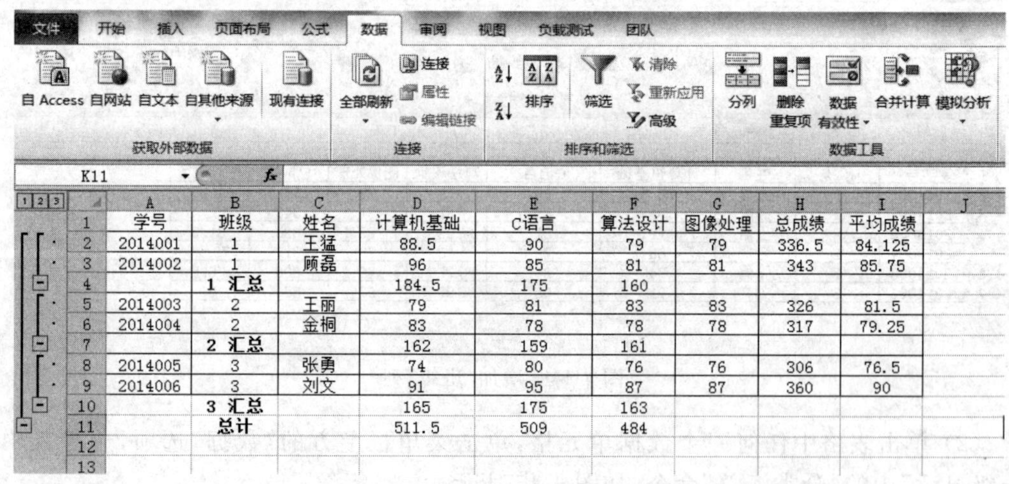

	A	B	C	D	E	F	G	H	I
1	学号	班级	姓名	计算机基础	C语言	算法设计	图像处理	总成绩	平均成绩
2	2014001	1	王猛	88.5	90	79	79	336.5	84.125
3	2014002	1	顾磊	96	85	81	81	343	85.75
4		1 汇总		184.5	175	160			
5	2014003	2	王丽	79	81	83	83	326	81.5
6	2014004	2	金桐	83	78	78	78	317	79.25
7		2 汇总		162	159	161			
8	2014005	3	张勇	74	80	76	76	306	76.5
9	2014006	3	刘文	91	95	87	87	360	90
10		3 汇总		165	175	163			
11		总计		511.5	509	484			

图 4-17 “分类汇总”结果

实验 5

邮件收发和文件共享

【实验目的】

1. 掌握电子邮件的收发操作。
2. 掌握共享文件夹的设置和访问。

【实验内容】

1. 注册并使用网易免费邮箱。
2. 设置共享文件夹。

实验 5.1 注册并使用网易免费邮箱

实验步骤如下。

(1) 注册网易免费邮箱

在浏览器地址栏输入地址“mail. 126. com”，进入网易免费邮箱登录窗口，如图 5-1 所

图 5-1 邮箱登录和注册界面

示。单击“注册”按钮，进入注册页面，如图 5-2 所示。按要求填写注册信息，勾选“同意服务条款”选项，单击“立即注册”按钮，注册成功后，可直接进入邮箱。

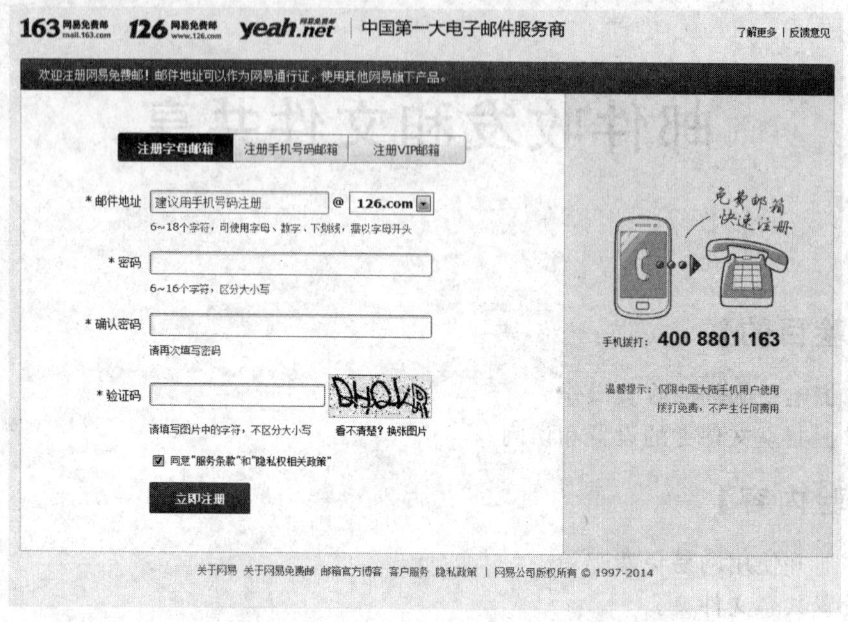

图 5-2　邮箱注册页面

（2）使用注册的邮箱收发邮件

用申请的账号登录邮箱，进入邮箱后就可以进行收发邮件操作，图 5-3 为邮箱首页。首页左边有一栏菜单，选择“收件箱”，可以进入收件箱查看邮件；菜单栏最上边有两个按钮，分别为“收信”和“写信”，单击“收信”按钮也可以进入收件箱。

图 5-3　邮箱首页

单击“写信”按钮，可以进行邮件的编写和发送，如图 5-4 所示。填写收件人的邮箱地址、主题和正文内容，如果有文档要一并传输，可以单击“添加附件”按钮来添加文档，单击“发送”按钮即可发送邮件。

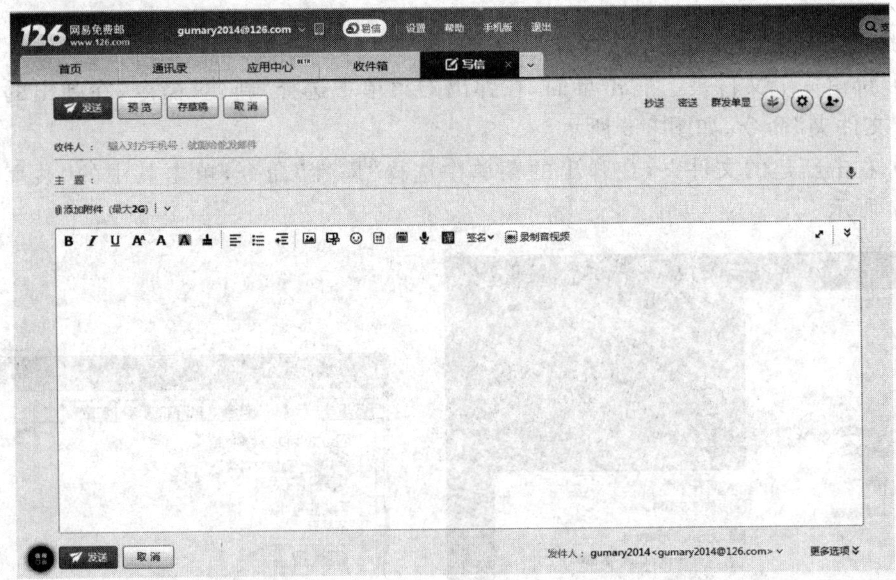

图 5-4　写邮件

附件还可以拖曳添加，即打开文件所在目录，找到文件，用鼠标左键按住文件，拖动文件到正文填写处，松开鼠标左键即可，见图 5-5。

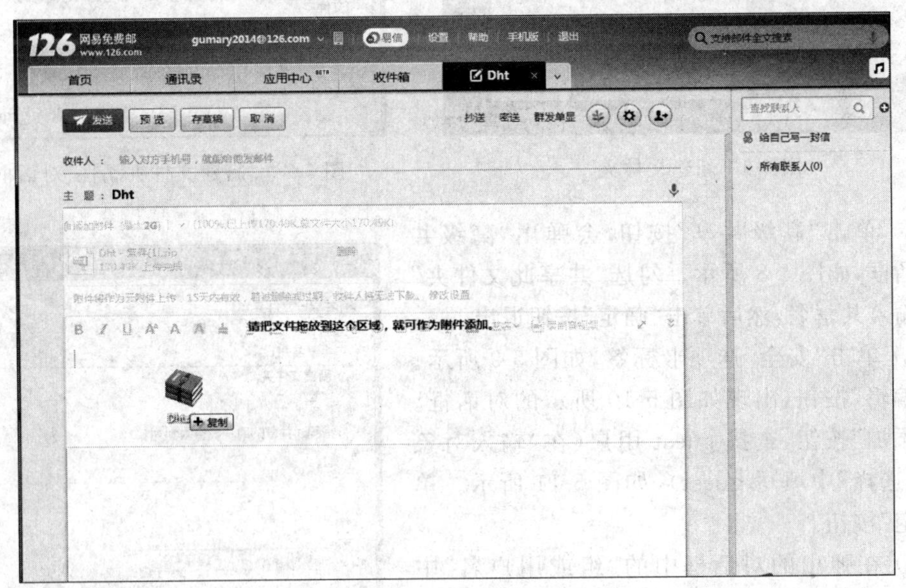

图 5-5　拖曳添加附件

实验 5.2　设置共享文件夹

实验步骤如下。

(1) 新建一个文件夹。右击桌面,在弹出的菜单中选择“新建”命令,在弹出的子菜单中选择“文件夹”命令,如图 5-6 所示。

(2) 右击新建的文件夹,在弹出的菜单中选择“属性”命令,单击其中的“共享”选项,如图 5-7 所示。

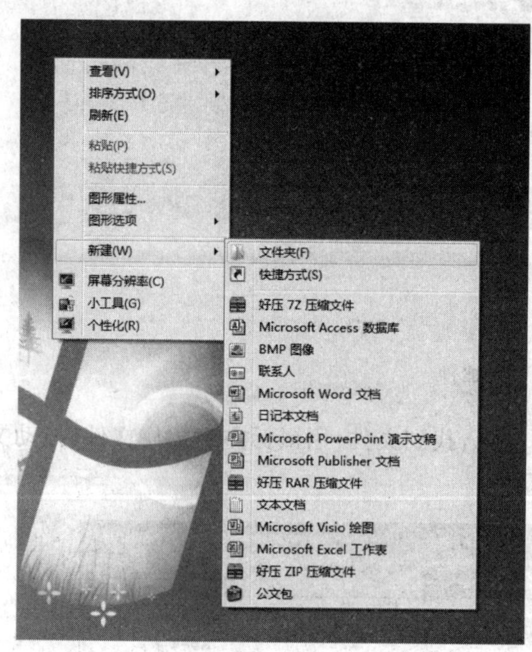

图 5-6　新建文件夹

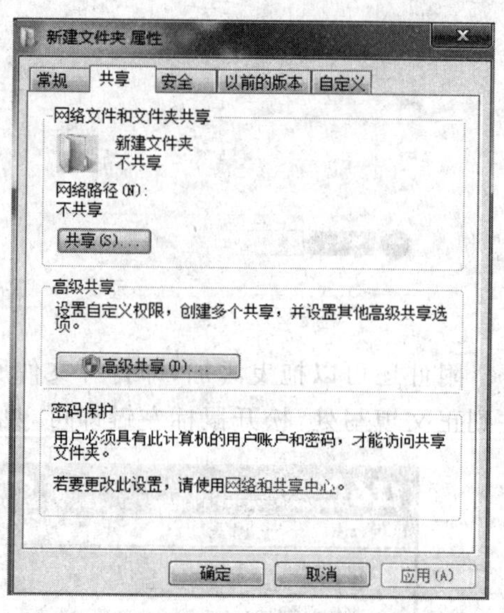

图 5-7　“新建文件夹属性”对话框

(3) 单击“高级共享”按钮,会弹出“高级共享”对话框,如图 5-8 所示。勾选“共享此文件夹”选项,输入共享名,然后单击“确定”按钮退出。

(4) 单击“安全”选项卡标签,如图 5-9 所示。单击“编辑”按钮,出现如图 5-10 所示的对话框。单击“添加”按钮,查找 guest 用户(在“输入对象名称来选择”中填写 guest),如图 5-11 所示。单击“确定”按钮。

(5) 在弹出的对话框中的“组或用户名”中选择 guest,并设置 Guest 的权限为“完整控制”,单击“确定”按钮,则 guest 用户拥有该文件夹完全控制权。

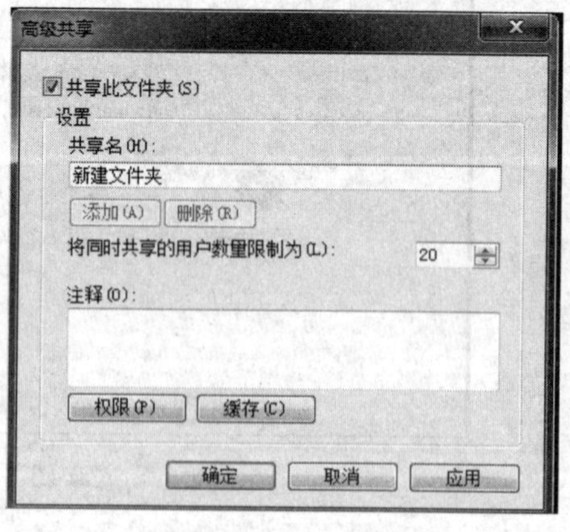

图 5-8　“高级共享”对话框

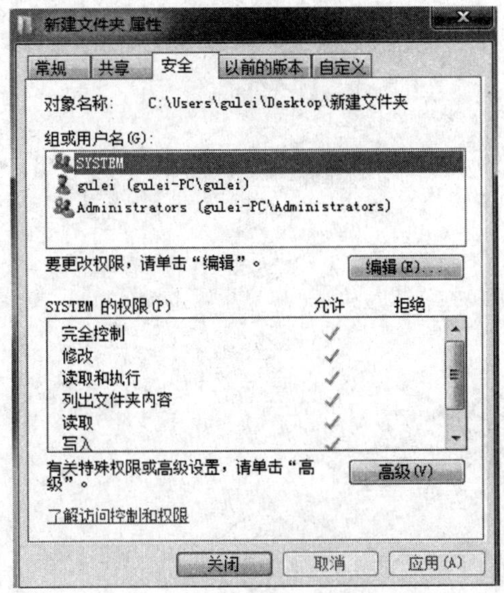

图 5-9　“安全”选项卡

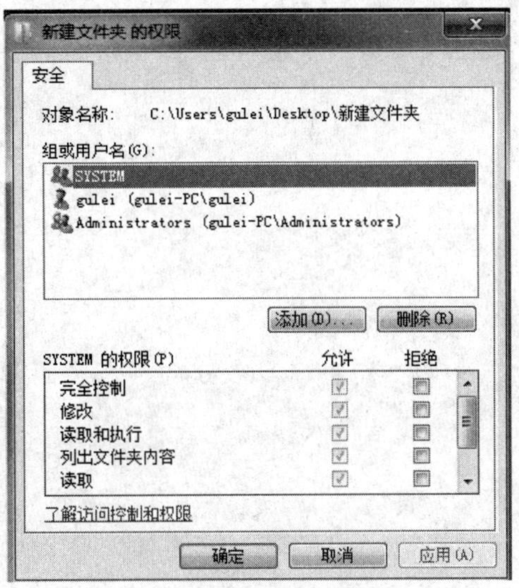

图 5-10　新建文件夹的权限

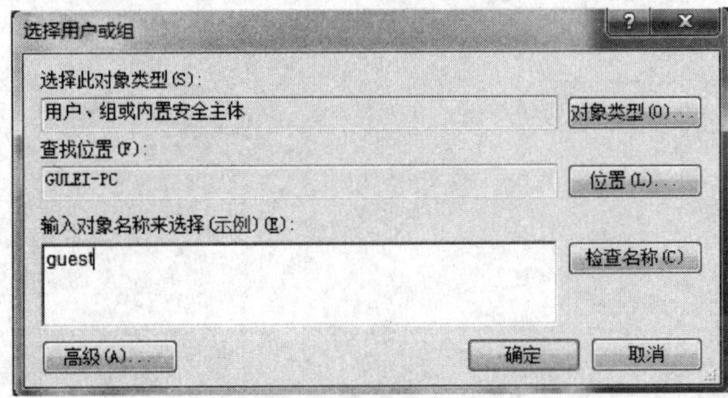

图 5-11　添加用户

第二部分

大学计算机习题解析

第1章

计算机基础知识

一、单项选择题

1. 一个完整的微型计算机系统应包括________。
   A. 硬件系统和软件系统　　B. 主机箱、键盘、显示器和打印机
   C. 计算机及外部设备　　D. 系统软件和系统硬件
2. 十六进制数1000转换成十进制数是________。
   A. 2048　　B. 1024　　C. 4096　　D. 8192
3. Enter键是________。
   A. 输入键　　B. 回车换行键　　C. 空格键　　D. 上档转换键
4. 汉字国标码（GB 2312－1980）规定的汉字编码，每个汉字用________。
   A. 一个字节表示　　B. 四个字节表示
   C. 三个字节表示　　D. 两个字节表示
5. 微机系统的开机顺序是________。
   A. 先开主机再开外设　　B. 先开显示器再开打印机
   C. 先开主机再打开显示器　　D. 先开外部设备再开主机
6. 在微机中，Bit的中文含义是________。
   A. 双字　　B. 字　　C. 字节　　D. 二进制位
7. 使用高级语言编写的程序称为________。
   A. 源程序　　B. 连接程序　　C. 编译程序　　D. 编辑程序
8. 微机病毒系指________。
   A. 生物病毒感染　　B. 被损坏的程序
   C. 细菌感染　　D. 特制的具有损坏性的小程序
9. 某单位的财务管理软件属于________。
   A. 系统软件　　B. 工具软件　　C. 编辑软件　　D. 应用软件
10. 计算机网络的应用越来越普遍，它的最大好处在于________。
    A. 节省人力　　B. 可实现资源共享
    C. 使信息存储速度提高　　D. 存储容量大
11. 个人计算机属于________。
    A. 小巨型机　　B. 小型机　　C. 中型机　　D. 微机

12. 微机唯一能够直接识别和处理的语言是________。

A. 汇编语言　　B. 甚高级语言　　C. 高级语言　　D. 机器语言

13. 断电会使原存信息丢失的存储器是________。

A. 半导体 RAM　　B. 软盘　　C. 硬盘　　D. ROM

14. 计算机软件系统应包括________。

A. 编辑软件和连接程序　　B. 数据软件和管理软件

C. 程序和数据　　D. 系统软件和应用软件

15. 下面列出的计算机病毒传播途径,不正确的说法是________。

A. 使用来路不明的软件　　B. 通过把多张软盘叠放在一起

C. 通过非法的软件拷贝　　D. 通过借用他人的软盘

16. 某单位的人事档案管理程序属于________。

A. 工具软件　　B. 应用软件

C. 系统软件　　D. 字表处理软件

17. 反映计算机存储容量的基本单位是________。

A. 二进制位　　B. 字节　　C. 双字　　D. 字

18. 十进制数 15 对应的二进制数是________。

A. 1111　　B. 1110　　C. 1010　　D. 1100

19. 下面________不是计算机中数据的常用单位。

A. 位　　B. 字节　　C. 字长　　D. 字

20. 微型计算机的发展是以________发展为特征的。

A. 主机　　B. 软件　　C. 微处理器　　D. 控制器

21. 在微机中,存储容量为 1MB,指的是________。

A. 1024×1024 个字　　B. 1024×1024 个字节

C. 1000×1000 个字　　D. 1000×1000 个字节

22. 二进制数 110101 转换为八进制数是________。

A. $(71)_8$　　B. $(65)_8$　　C. $(56)_8$　　D. $(51)_8$

23. 人们把以________为硬件基本部件的计算机称为第四代计算机。

A. 大规模和超大规模集成电路　　B. 小规模集成电路

C. ROM 和 RAM　　D. 磁带与磁盘

24. 操作系统文件管理的主要功能是________。

A. 实现虚拟存储　　B. 实现文件的高速输入输出

C. 实现按文件内容存储　　D. 实现按文件名存取

25. 操作系统是________。

A. 软件与硬件的接口　　B. 主机与外设的接口

C. 计算机与用户的接口　　D. 高级语言与机器语言的接口

26. 一般操作系统的主要功能是________。

A. 管理用各种语言编写的源程序

B. 对汇编语言、高级语言和甚高级语言进行编译

C. 管理数据库文件

D. 控制和管理计算机系统软、硬件资源

27. 将二进制数 11011101 转化成十进制是________。

A. 220　　B. 221　　C. 251　　D. 321

28. 将$(10.10111)_2$转化为十进制数是________。

A. 2.78175　　B. 2.71785　　C. 2.71875　　D. 2.81775

29. 将十进制数 215 转换成八进制数是________。

A. $(327)_8$　　B. $(268.75)_8$　　C. $(352)_8$　　D. $(326)_8$

30. I/O 接口位于________。

A. 主机和 I/O 设备之间　　B. CPU 与存储器之间

C. 总线和 I/O 设备之间　　D. 主机和总线之间

31. 下述叙述正确的是________。

A. 计算机性能完全取决于 CPU

B. 软件不可用硬件代替

C. 硬件系统不可用软件代替

D. 软件和硬件的界线不是绝对的,有时功能是等效的

32. 下述叙述正确的是________。

A. 裸机配置应用软件是可运行的

B. 系统软件好坏决定计算机性能

C. 硬件配置要尽量满足机器的可扩充性

D. 裸机的第一次扩充要装数据库管理系统

33. 计算机病毒主要是造成________损坏。

A. 光盘　　B. 硬盘　　C. 磁盘驱动器　　D. 程序和数据

34. 发现病毒后,比较彻底的清除方式是________。

A. 删除磁盘文件　　B. 用杀毒软件处理

C. 用查毒软件处理　　D. 格式化磁盘

35. 防病毒卡能够________。

A. 杜绝病毒对计算机的侵害　　B. 自动发现病毒入侵的某些迹象

C. 自动发现并阻止任何病毒的入侵　　D. 自动消除已感染的所有病毒

36. 在计算机运行时,把程序和数据一样存放在内存中,这是 1946 年由________领导的研究小组正式提出并论证的。

A. 图灵　　B. 布尔　　C. 冯·诺依曼　　D. 爱因斯坦

37. 计算机的 CPU 每执行一个________,就完成一步基本运算或判断。

A. 语句　　B. 指令　　C. 软件　　D. 程序

38. 语言处理程序的发展经历了________三个发展阶段。

A. 机器语言、BASIC 语言和 C 语言

B. 二进制代码语言、机器语言和 FORTRAN 语言

C. 机器语言、汇编语言和高级语言

D. 机器语言、汇编语言和 C++ 语言

39. 操作系统的主要功能是________。

A. 实现软、硬件转换　　B. 管理系统所有的软、硬件资源

C. 进行数据处理　　D. 把源程序转换为目标程序

40. 在计算机内部用机内码而不用国标码表示汉字的原因是________。

A. 有些汉字的国标码不唯一,而机内码唯一

B. 在有些情况下,国标码有可能造成误解

C. 机内码比国标码容易表示

D. 国标码是国家标准,而机内码是国际标准

41. 属于面向对象的程序设计语言是________。

A. C　　B. Pascal　　C. FORTRAN　　D. Visual Basic

42. 汉字系统中的汉字字库里存放的是汉字的________。

A. 机内码　　B. 国标码　　C. 字形码　　D. 输入码

43. 计算机中的机器数有三种表示方法,下列________不是。

A. 原码　　B. 反码　　C. 补码　　D. ASCII

44. 计算机能直接执行的程序是________。

A. 源程序　　B. 机器语言程序

C. 汇编语言程序　　D. 高级语言程序

45. 对补码的叙述,________不正确。

A. 负数的补码是该数的反码最右加 1

B. 负数的补码是该数的原码最右加 1

C. 正数的补码就是该数的原码

D. 正数的补码就是该数的反码

46. 有关二进制的论述,下面________是错误的。

A. 二进制数只有 0 和 1 两个数码　　B. 二进制运算逢二进一

C. 二进制数各位上的权分别为 0,2,4,…　　D. 二进制数只有二位数组成

47. 信息处理进入了计算机世界,实质上是进入了________的世界。

A. 模拟数字　　B. 抽象数字　　C. 二进制数　　D. 十进制数

48. 下列选项中,不属于计算机病毒特征的是________。

A. 破坏性　　B. 传染性　　C. 潜伏性　　D. 免疫性

49. 下面有关计算机的叙述中,正确的是________。

A. 计算机必须具有硬盘才能工作

B. 计算机程序必须装载到内存中才能执行

C. 计算机的主机只包括 CPU

D. 计算机键盘上字母键的排列方式是随机的

50. 计算机之所以能实现自动连续运算,是由于采用了________原理。

A. 布尔逻辑　　B. 存储程序　　C. 集成电路　　D. 数字电路

51. CGA、EGA 和 VGA 标志着________的不同规格和性能。

A. 打印机　　B. 硬盘　　C. 显示器　　D. 存储器

52. 在计算机领域中,英文单词 Byte 的含义是________。

A. 字　　B. 字长　　C. 字节　　D. 二进制位

53. 以下操作系统中,不是网络操作系统的是________。

A. MS-DOS　　B. Windows NT　　C. Windows 2000　　D. Novell

54. 用户用计算机高级语言编写的程序,通常称为________。

A. 目标程序　　B. 汇编程序

C. 源程序　　D. 二进制代码程序

55. 下列各项中,不属于多媒体硬件的是________。

A. 光盘驱动器　　B. 音频卡　　C. 视频卡　　D. 加密卡

56. 计算机中对数据进行加工与处理的部件,通常称为________。

A. 运算器　　B. 显示器　　C. 存储器　　D. 控制器

57. 微型计算机使用的键盘上的 Alt 键称为________。

A. 控制键　　B. 退格键　　C. 上档键　　D. 交替换档键

58. 与十六进制数(BC)等值的二进制数是________。

A. 10111011　　B. 10111100　　C. 11001100　　D. 11001011

59. 下列字符中 ASCII 码值最小的是________。

A. 'A'　　B. 'M'　　C. 'k'　　D. 'a'

60. 第一台电子计算机是 1946 年在美国研制的,该机的英文缩写名是________。

A. ENIAC　　B. EDVAC　　C. MARK-Ⅱ　　D. EDIAC

61. 在计算机中采用二进制,是因为________。

A. 可降低硬件成本　　B. 两个状态的系统具有稳定性

C. 二进制的运算法则简单　　D. 上述三个原因

62. 将高级语言编写的程序翻译成机器语言程序,采用的两种翻译方式是________。

A. 编译和解释　　B. 编译和链接　　C. 编译和汇编　　D. 解释和汇编

63. 为了避免混淆,十六进制数在书写时常在后面加字母________。

A. H　　B. O　　C. D　　D. B

64. 下列有关计算机说法中,正确的是________。

A. 只要有计算机的硬件系统,就能发挥计算机应有的功能

B. 计算机硬件系统能否发挥其应有的功能,很大程度上取决于所配置的计算机软件系统是否丰富与完善

C. 计算机可以完全代替人,进行思维、判断和决策

D. 计算机不需要人的控制,也能最好地发挥其作用

65. 最早计算机的用途是用于________。

A. 科学计算　　B. 系统仿真　　C. 自动控制　　D. 辅助设计

66. 人们根据特定的需要,预先为计算机编制的计算机能够理解和处理的按一定顺序排列起来的命令称为________。

A. 语言　　B. 指令　　C. 程序　　D. 软件

67. CAD 指的是________。

A. 计算机辅助设计　　B. 计算机辅助制造

C. 计算机辅助测试　　D. 计算机辅助教学

68. 下列设备中，可以把计算机中的数据输出的有________。

A. 光盘　　B. 显示器　　C. 鼠标　　D. 扫描仪

69. 计算机软件一般包括系统软件和________。

A. 字处理软件　　B. 应用软件　　C. 科学计算软件　　D. 管理软件

70. 根据某工厂的仓库管理需求，设计编制的软件属于________。

A. 应用软件　　B. 系统软件　　C. 工具软件　　D. 字处理软件

71. 系统软件中最重要的是________。

A. 操作系统　　B. 语言处理程序

C. 工具软件　　D. 数据库管理系统

72. 下列数据库中数值最小的是________。

A. 二进制 100　　B. 八进制 100　　C. 十进制 100　　D. 十六进制 100

73. 按照计算机的处理对象进行分类，人们常用的 PC 是________。

A. 数字计算机　　B. 模拟计算机　　C. 专用计算机　　D. 通用计算机

74. 能表示汉字在字库中的物理位置的是________。

A. ASCII 编码　　B. 字型码　　C. 内码　　D. 外码

75. 计算机目前已经发展到________阶段。

A. 晶体管计算机　　B. 集成电路计算机

C. 超大规模集成电路计算机　　D. 人工智能计算机

76. 下列 4 个无符号十进制数中，能用八位二进制数表示的是________。

A. 256　　B. 299　　C. 219　　D. 312

77. 下列 4 个不同进制的无符号整数中，数值最大的是________。

A. (10010010)B　　B. (221)O　　C. (148)D　　D. (97)H

78. 已知一个十六进制数 176，将其转换成十进制数的值是________。

A. 268　　B. 366　　C. 374　　D. 370

79. 将十进制数 0.7265625 转换成二进制数是________。

A. 0.100111　　B. 0.1011001　　C. 0.1011101　　D. 0.1010011

80. 与十六进制数(AD)等值的二进制数是________。

A. 10101010　　B. 10101101　　C. 10111010　　D. 10111011

81. 微型计算机中普遍使用的字符编码是________。

A. BCD 码　　B. 机内码　　C. 输入码　　D. ASCII 码

82. 在汉字信息处理中，汉字输入编码方法主要分为________。

A. 数字编码、拼音码、字形码　　B. 国标码、区位码、机内码

C. 机内码、电报明码、王码　　D. 表形码、拼音码、自然码

83. 把汇编语言编写的源程序变为目标程序要经过________。

A. 编辑　　B. 解释　　C. 编译　　D. 汇编

84. 下列各设备中,________不是外部设备。

A. CPU　　B. 扫描仪　　C. 打印机　　D. 键盘

85. 下列各操作中,________可能使计算机感染病毒。

A. 对软盘进行格式化　　B. 上网

C. 为计算机设置开机密码　　D. 删除某个计算机软件

86. 五笔字型属于________。

A. 字音编码法　　B. 数字编码法　　C. 字型编码法　　D. 形音编码法

87. 微型计算机的主机包括________。

A. 运算器、控制器、外存储器

B. 运算器、控制器和硬磁盘存储器

C. CPU、内存储器、输入输出接口和系统总线

D. CPU、内外存储器和键盘

88. 在计算机中,运算器和控制器合称为________。

A. 算术运算部件　　B. 逻辑部件

C. 中央处理单元　　D. 算术和逻辑部件

89. "存储程序"的概念是由________提出来的。

A. 匈牙利的冯·诺依曼　　B. 美国的图灵

C. 英国的牛顿　　D. 葡萄牙的布尔

90. 第一台计算机采用的硬件逻辑器件是________。

A. 半导体器件　　B. 光电管　　C. 电子管　　D. 集成电路

91. 彩色 CRT 是将________三色点精确地会聚在一点上,形成"三色点组",三种颜色由二进制代码表示,可组成不同的颜色。

A. 红、黄、绿　　B. 红、绿、青　　C. 红、黄、蓝　　D. 红、绿、蓝

92. 二制数 110011 转换为等值的八进制数是________。

A. 45　　B. 76　　C. 63　　D. 33

93. 下面数据组中,第一个为八进制数,第二个为十进制数,第三个为十六进制数,数据组中三个数据等值的是________。

A. 120,82,50　　B. 144,100,64　　C. 146,130,88　　D. 266,168,94

94. 已知字符 d 的 ASCII 码为十六进制数的 64,则字符 t 的 ASCII 码的十六进制数表示为________。

A. 78　　B. 84　　C. 80　　D. 74

95. 下面关于显示器的 4 条叙述中,有错误的一条是________。

A. 显示器可以直接与微处理器相连接

B. 显示器的分辨率为 1024×768,表示屏幕水平方向每行有 1024 个像素点,垂直方向每列有 768 个像素点

C. 像素是显示屏上能独立赋予颜色和亮度的最小单位

D. 显示卡是驱动、控制显示器显示文本、图形和图像信息的硬件装置

96. 目前计算机应用最广泛的领域是________。

A. 人工智能和专家系统　　　　　　　　B. 辅助设计与辅助制造
C. 数据处理与办公自动化　　　　　　　D. 科学技术与工程计算

97. 计算机数据总线的宽度将主要影响________。
A. 指令数量　　　　　　　　B. 运算速度
C. 存储容量　　　　　　　　D. 计算机字的长度

98. 世界上第一台微型机是________年在美国诞生的。
A. 1974　　B. 1970　　C. 1946　　D. 1950

99. 微型计算机的 ALU 部件是在________中。
A. 存储器　　B. I/O 接口　　C. I/O 设备　　D. CPU

100. 不同型号的计算机,就其工作原理而言都是基于________原理。
A. 开关电路　　　　　　　　B. 布尔代数
C. 二进制数　　　　　　　　D. 存储程序控制

101. 被大家称为 PC 的微型计算机,PC 的含义是指________。
A. 小型计算机　　　　　　　B. 计算机型号
C. 兼容机　　　　　　　　　D. 个人计算机

102. 在微处理器内部设置通用寄存器的目的是为了________。
A. 存放指令　　　　　　　　B. 减少内存访问、提高效率
C. 减少 CPU 的复杂性　　　　D. 便于进行指令译码

103. 当要选择键盘中的上档字符时,必须同时按下________键。
A. Ctrl　　B. Home　　C. Shift　　D. Alt

104. 软件与程序的主要区别是________。
A. 程序价格便宜,软件价格昂贵
B. 程序是用户自己编写的,而软件是由厂家提供的
C. 程序是用高级语言编写的,而软件是由机器语言编写的
D. 软件是程序以及开发、使用和维护所需要的所有文档的总称,而程序只是软件的一部分

105. 计算机的工作过程本质上就是________所述的过程。
A. 读指令,解释、执行指令　　B. 主机控制外设
C. 进行信息交换　　　　　　D. 进行科学计算

106. 英文缩写 CAI 的中文意思是________。
A. 计算机辅助教学　　　　　B. 计算机辅助制造
C. 计算机辅助设计　　　　　D. 计算机辅助测试

107. 计算机能直接执行的程序是________。
A. 机器语言程序　　　　　　B. FoxPro 程序
C. 汇编源程序　　　　　　　D. 高级语言程序

108. 计算机病毒是一种________。
A. 特殊的生物病毒　　　　　B. 特殊的计算机部件
C. 游戏软件　　　　　　　　D. 人为编制的特殊的计算机程序

109. 计算机系统在加电状态下重新启动时，采用的方法是________。

A. 按 Ctrl＋Alt＋Delete 组合键　B. 按 Ctrl＋Break 组合键

C. 重新加电启动　D. 按 Ctrl＋s 组合键

110. 在计算机中每个英文字符编码用________位二进制数表示。

A. 8　B. 4　C. 16　D. 7

111. 下列设备中，一般微型计算机都必须配备的是________。

A. 监视器　B. UPS 电源　C. 扫描仪　D. 打印机

112. 微型计算机中，传送 CPU 发出的读/写指令的总线是________。

A. 控制总线　B. 数据总线　C. 地址总线　D. 通信总线

113. 微型计算机中，运算器的主要功能是进行________。

A. 逻辑运算　B. 算术运算

C. 算术运算和逻辑运算　D. 复杂方程的求解

114. 在键盘中，不能单独使用的键是________。

A. Alt 键　B. Esc 键　C. Space　D. Enter 键

115. 下列叙述中，不正确的一条是________。

A. 键盘上的 F1～F12 功能键，在不同的软件下其作用是不一样的

B. 计算机汉字字模的作用是供屏幕显示和打印输出

C. 计算机内部，数据和指令都采用二进制表示

D. 微型计算机主机箱内所有部件均由大规模或超大规模集成电路构成

116. 下列设备中，既能向主机输入数据又能接收主机输出数据的是________。

A. 扫描仪　B. 显示器　C. 磁盘存储器　D. 音响设备

117. 英文缩写 CAM 的中文意思是________。

A. 计算机辅助教学　B. 计算机辅助制造

C. 计算机辅助设计　D. 计算机辅助测试

118. 关于解释程序和编译程序的 4 条叙述中正确的是________。

A. 解释程序产生目标程序而编译程序不产生目标程序

B. 编译程序产生目标程序而解释程序不产生目标程序

C. 解释程序和编译程序都不产生目标程序

D. 解释程序和编译程序都产生目标程序

119. 用计算机管理科技情报资料，是计算机在________方面的应用。

A. 科学计算　B. 数据处理　C. 人工智能　D. 实时控制

120. 计算工具不断发展的动力是社会需求，第一台电子数字计算机 ENIAC 的产生是适应社会________需求。

A. 农业　B. 工业　C. 军事　D. 教育

121. 制造第三代计算机所使用的主要元器件是________。

A. 晶体管　B. 集成电路

C. 大规模集成电路　D. 超大规模集成电路

122. 下列________选项不属于多媒体技术中的媒体。

A. 文本　　B. 图形　　C. 动画和声音　　D. 磁盘

123. 下列4种位图图像格式中________是没有经过压缩的文件格式。

A. JPEG　　B. BMP　　C. TIF　　D. PNG

124. DRAM存储器的中文含义是________。

A. 静态随机存储器　　B. 静态只读存储器

C. 动态随机存储器　　D. 动态只读存储器

125. 微型计算机的运算器、控制器及内存存储器的总称是________。

A. CPU　　B. MPU　　C. 主机　　D. ALU

126. 硬盘连同驱动器是一种________。

A. 内存储器　　B. 半导体存储器　　C. 只读存储器　　D. 外存储器

127. 在内存中,每个基本单位都被赋予唯一的序号,这个序号称为________。

A. 容量　　B. 编号　　C. 字节　　D. 地址

128. 在下列存储器中,访问速度最快的是________。

A. 硬盘存储器　　B. 磁带存储器

C. 半导体RAM(内存储器)　　D. 软盘存储

129. 半导体只读存储器(ROM)与半导体随机存储器(RAM)的主要区别在于________。

A. ROM可以永久保存信息,RAM在掉电后信息会丢失

B. RAM是内存储器,ROM是外存储器

C. ROM掉电后,信息会丢失,RAM则不会

D. ROM是内存储器,RAM是外存储器

130. 计算机存储器是一种________。

A. 输出部件　　B. 输入部件　　C. 运算部件　　D. 记忆部件

131. 计算机中存储数据的最小单位是________。

A. 位　　B. 字　　C. 字节　　D. 字长

132. 软盘上原存的有效信息,在________情况下会丢失。

A. 通过海关的X射线监视仪　　B. 放在盒内半年没有使用

C. 放在强磁场附近　　D. 放在零下10摄氏度的库房中

133. 微型计算机的微处理器包括________。

A. CPU和存储器　　B. 运算器和累加器

C. CPU和控制器　　D. 运算器和控制器

134. 微型计算机的性能主要由微处理器的________决定。

A. 质量　　B. 价格性能比　　C. CPU　　D. 控制器

135. 一般用微处理器的________进行分类。

A. 字长　　B. 价格　　C. 性能　　D. 规格

136. 一台微型计算机的字长为4个字节,它表示________。

A. 能处理的字符串最多为4个ASCII码字符

B. 能处理的数值最大为4位十进制数9999

C. 在 CPU 中运算的结果为 8 的 32 次方

D. 在 CPU 中作为一个整体加以传送处理的二进制代码为 32 位

137. 微机的性能指标中的内存容量是指________。

A. 软盘的容量　　B. RAM 和 ROM 的容量

C. RAM 的容量　　D. ROM 的容量

138. 在下面关于计算机系统硬件的说法中,不正确的是________。

A. 当关闭计算机电源后,RAM 中的程序和数据就消失了

B. CPU 主要由运算器、控制器和寄存器组成

C. 软盘和硬盘上的数据均可由 CPU 直接存取

D. 软盘和硬盘驱动器既属于输入设备,又属于输出设备

139. 下面关于 ROM 的说法中,不正确的是________。

A. ROM 是只读存储器的英文缩写

B. ROM 中的内容在断电后不会消失

C. CPU 不能向 ROM 随机写入数据

D. ROM 是只读的,所以它不是内存而是外存

140. 光盘驱动器通过激光束来读取光盘上的数据时,光学头与光盘________。

A. 播放 VCD 时接触　　B. 不直接接触

C. 直接接触　　D. 有时接触有时不接触

141. 下列有关存储器读写速度的排列,正确的是________。

A. Cache>硬盘>RAM>软盘　　B. Cache>RAM>硬盘>软盘

C. RAM>Cache>硬盘>软盘　　D. RAM>硬盘>软盘>Cache

142. 使用 Cache 可以提高计算机运行速度,这是因为________。

A. Cache 增大了内存的容量　　B. Cache 可以存放程序和数据

C. Cache 缩短了 CPU 的等待时间　　D. Cache 扩大了硬盘的容量

143. 运算器的组成部分不包括________。

A. 控制线路　　B. 译码器　　C. 寄存器　　D. 加法器

144. 把内存中的数据传送到计算机的硬盘,称为________。

A. 显示　　B. 输入　　C. 读盘　　D. 写盘

145. 用 MIPS 为单位来衡量计算机的性能,它指的是计算机的________。

A. 传输速率　　B. 存储器容量　　C. 字长　　D. 运算速度

146. 微型计算机存储器系统中的 Cache 是________。

A. 只读存储器　　B. 高速缓冲存储器

C. 可编程只读存储器　　D. 可擦除可再编程只读存储器

147. 计算机断电后,再次通电也不能恢复的是________。

A. ROM 和 RAM 中的信息　　B. RAM 中的信息

C. ROM 中的信息　　D. 硬盘中的信息

148. 下列选项中,存储容量相等的是________。

A. 1MB 与 1000B　　B. 1KB 与 1024b

C. 1GB 与 1024MB　　D. 1GB 与 1024Mb

149. 关于存储容量单位的描述,正确的是________。

A. 1MB=1000KB　　B. 1MB=1024B

C. 1GB=1024KB　　D. 1MB=1024KB

150. 下列存储器中,断电后信息不会丢失的是________。

A. DRAM　　B. Cache　　C. SRAM　　D. EPROM

151. 计算机配置的内存的容量为 512MB,其中的 512MB 是指________。

A. 512×1000×1000 字　　B. 512×1000×1000 字节

C. 512×1024×1024 字节　　D. 512×1024×1024×8 字节

152. 32 位微机中的 32 是指该微机________。

A. 能同时处理 32 位二进制数　　B. 运算精度可达小数点后 32 位

C. 具有 32 根地址线　　D. 能同时处理 32 位十进制数

153. 数据总线用于在各器件、设备之间传送信息,以下说法中错误的是________。

A. 数据总线线数与机器字长一致　　B. 数据总线是双向总线

C. 数据总线是用来传输数值型数据　　D. 数据总线通常是指外部总线

154. 下列存储器中,存储容量最大的是________。

A. 软磁盘存储器　　B. 硬磁盘存储器

C. 光盘存储器　　D. 内存储器

155. 微型计算机中,控制器的基本功能是________。

A. 存储各种控制信息　　B. 传输各种控制信号

C. 产生各种控制信息　　D. 从内存取指令和执行指令

156. 微机存储系统中配置高速缓冲存储器的目的是为了解决________。

A. 主机与外设之间速度不匹配问题

B. CPU 与辅助存储器之间速度不匹配问题

C. CPU 与内存储器之间速度不匹配问题

D. 内存储器与辅助存储器之间速度不匹配问题

157. 下列存储器中,为了不丢失信息需要进行周期性刷新的是________。

A. 磁盘存储器　　B. DRAM　　C. CD-ROM　　D. ROM

158. 计算机的硬件系统是指________。

A. 控制器、运算器　　B. 存储器、控制器

C. 接口电路、I/O 设备　　D. A、B、C 合起来

159. 在计算机中访问速度最快的存储器是________。

A. 硬盘　　B. 磁带　　C. RAM　　D. 软盘

160. 微型计算机的结构原理采用总线结构,系统总线分为________。

A. 时序总线、运算总线　　B. 内部总线、外部总线

C. 连接总线、逻辑总线　　D. 网络总线、逻辑总线

161. 随机存储器 RAM 中的信息可以随时读出或写入,当读出 RAM 中的信息时________。

A. 破坏 RAM 中原有信息　　B. 释放该信息占用的 RAM 单元
C. RAM 中的内容全部清 0　　D. RAM 原有信息保持不变

162. 在计算机系统中，外存储器必须通过________才能实现与主机的信息交换。
A. 电缆　B. 总线插槽　C. 接口　D. 插座

163. CPU 中的________可存放少量数据。
A. 存储器　B. 辅助存储器　C. 寄存器　D. 只读存储器

164. 磁头数为 16，柱面数为 4096，扇区数为 63 的硬盘容量约为________。
A. 4GB　B. 2GB　C. 420MB　D. 210MB

165. CPU 不能直接访问的存储器是________。
A. ROM　B. RAM　C. Cache　D. DVD-ROM

166. 磁盘缓冲区位于________。
A. 主存储器内　　B. I/O 接口内
C. 磁盘存储器内　　D. I/O 设备内

167. 地址总线是传送地址信息的一组线，下面正确的是________。
A. 用来选择信息传送的对象　　B. 控制 CPU 读/写内存信息
C. 一根地址线传送一个地址　　D. 20 根地址线能寻址范围为 64KB

168. 计算机中对数据进行加工与处理的部件称为________。
A. 运算器　B. 控制器　C. 显示器　D. 存储器

169. 下列简写中，不代表扩展插槽类型的是________。
A. IDE　B. ISA　C. PCI　D. AGP

170. 系统总线用于实现________之间的连接。
A. 芯片级　　B. 插件板级
C. 主板上各大部件　　D. Cache 与内存

171. 对于辅助存储器，________的说法是正确的。
A. 不是一种永久性的存储设备
B. 能永久地保存信息，是文件的主要存储介质
C. 可被中央处理器直接访问
D. 是 CPU 与主存之间的缓冲存储器

172. 主机板上 CMOS 芯片的主要用途是________。
A. 管理内存与 CPU 的通信
B. 储存时间、日期、硬盘参数与计算机配置信息
C. 增加内存的容量
D. 存放基本输入输出系统程序、引导程序和自检程序

173. 计算机在执行 U 盘上的程序时，首先把 U 盘上的程序和数据读入到________，然后才能被计算机运行。
A. 软盘　B. 内存　C. 硬盘　D. 缓存

174. I/O 接口位于________。
A. 主机和 I/O 设备之间　　B. 主机和总线之间

C. 总线和I/O设备之间　　D. CPU与存储器之间

175. 基于冯·诺依曼提出的存储程序控制原理的计算机系统，其硬件基本结构包括________、控制器、存储器、输入设备和输出设备。

A. 运算器　　B. 显示器　　C. 键盘　　D. 鼠标

176. 某处理器具有32GB的寻址能力，则该处理器的地址线有________。

A. 36根　　B. 35根　　C. 32根　　D. 33根

177. 外存中的文件必须读入________后计算机才能进行处理。

A. ROM　　B. RAM　　C. Cache　　D. CPU

178. I/O操作的任务是将输入设备输入的信息送入主机，或者将主机中的内容送到输出设备。下面关于I/O操作的叙述中错误的是________。

A. PC中CPU通过执行输入指令和输出指令向I/O控制器发出启动I/O操作的命令，并负责对I/O设备进行全程控制

B. I/O设备的种类多，性能相差很大，与计算机主机的连接方法也各不相同

C. 为了提高系统的效率，I/O操作与CPU的数据处理操作通常是并行进行的

D. 多个I/O设备可以同时进行工作

179. 冯·诺依曼原理的核心为________。

A. 存储程序与自动控制　　B. 可靠性与可用性

C. 高速度与高精度　　D. 有记忆能力

180. 用户所用的内存储器容量通常是指________。

A. ROM的容量　　B. RAM的容量

C. ROM的容量+RAM的容量　　D. 硬盘的容量

181. 第三代计算机采用的电子元件是________。

A. 晶体管　　B. 中、小规模集成电路

C. 大规模集成电路　　D. 电子管

182. 下列关于计算机分类，说法错误的是________。

A. 计算机按处理数据分类，可分为数字计算机、模拟计算机和混合计算机

B. 计算机按使用范围可分为通用计算机和专用计算机

C. 计算机按其性能可分为超级计算机、大型计算机和微型计算机

D. 计算机按其性能可分为超级计算机、大型计算机、小型计算机、微型计算机和工作站

183. 提出存储程序控制原理的人是________。

A. 莫奇利　　B. 冯·诺依曼　　C. 列夫谢茨　　D. 爱因斯坦

184. 计算机应用领域可大致分为6个方面，下列选项中属于这几项的是________。

A. 计算机辅助教学、专家系统、人工智能

B. 工程计算、数据结构、文字处理

C. 实时控制、科学计算、数据处理

D. 数值处理、人工智能、操作系统

185. 第二代计算机所采用的电子元件是________。

A. 继电器　　B. 晶体管　　C. 电子管　　D. 集成电路

186. 下列不属于计算机特点的是________。

A. 存储程序控制,工作自动化　　B. 具有逻辑推理和判断能力

C. 处理速度快,存储量大　　D. 不可靠,故障率高

187. 在计算机中,数值为负放入整数一般不采用原码表示,而采用补码方式表示,若某带符号整数的 8 为补码表示为 10000001,则该整数为________。

A. 129　　B. －1　　C. －127　　D. 127

188. 办公室自动化(OA)是计算机的一项应用,按计算机应用的分类,它属于________。

A. 科学计算　　B. 辅助设计　　C. 实时控制　　D. 信息处理

189. 与十进制数 333 等值的十六进制数为________。

A. 14D　　B. 110　　C. 14A　　D. 118

190. 一个 11 位的无符号二进制数,转化为八进制数有________位。

A. 2　　B. 3　　C. 4　　D. 5

191. 十进制数 102 转换成二进制数为________。

A. 1100110　　B. 1000110　　C. 1101000　　D. 1101001

192. 将 3BFH 转换成二进制数为________。

A. 1110111111B　　B. 1010111111B

C. 1111001111B　　D. 10010111111B

193. 十六进制数 2A3H 转换成十进制数为________。

A. 675　　B. 678　　C. 670　　D. 679

194. 有一个 7 位二进制数,首位不为 0,它可能的大小范围是________。

A. 64～128　　B. 64～127　　C. 63～128　　D. 63～127

195. 十进制数 87 转换成无符号二进制整数是________。

A. 01011110　　B. 01010100　　C. 010100101　　D. 01010111

196. 将 1101010100 转换成十六进制数为________。

A. 354H　　B. 654H　　C. 6A4H　　D. E60H

197. 下列 4 种不同数制表示的数中,数值最小的一个是________。

A. 二进制数 110101　　B. 十进制数 60

C. 八进制数 48　　D. 十六进制数 FH

198. 一个 33 位的无符号二进制整数,化为十六进制数有________位。

A. 10　　B. 9　　C. 8　　D. 7

199. 下列 4 个不同数制表示的数中,数值最小的是________。

A. 二进制数 11011101　　B. 八进制数 334

C. 十进制数 219　　D. 十六进制数 DA

200. 计算机内部采用的数制是________。

A. 二进制　　B. 十六进制　　C. 十进制　　D. 八进制

201. 与十进制数 1023 等值的十六进制数为________。

A. 3FDH　　B. 3FFH　　C. 2FDH　　D. 3EFH

202. 在下列不同进制中的 4 个数中,最小的一个是________。

A. 11011001B　　B. 75D　　C. 37O　　D. A7H

203. 若在一个非零无符号二进制整数右边加两个零形成一个新数,则新数的值是原值的________。

A. 4 倍　　B. 2 倍　　C. 1/4　　D. 1/2

204. 将十进制的整数化为二进制整数的方法是________。

A. 乘二取整法　　B. 除二取整法　　C. 乘二取余法　　D. 除二取余法

205. 与十进制数 100 等值的二进制数是________。

A. 1111110　　B. 1110100　　C. 1111101　　D. 1100100

206. 二进制数 100011 转换成十进制数是________。

A. 37　　B. 50　　C. 35　　D. 53

207. 与十六进制数值 BD 等值的十进制数是________。

A. 186　　B. 187　　C. 188　　D. 189

208. 十进制数 150 转换成八进制数是________。

A. 144　　B. 226　　C. 246　　D. 150

209. 十六进制数 150 转换成八进制数是________。

A. 244　　B. 226　　C. 246　　D. 520

210. 十六进制数(AB)转换成二进制数为________。

A. 10101011　　B. 1101　　C. 10101100　　D. 11001011

211. 按照数的进制位概念,下列各数中正确的八进制数是________。

A. 8707　　B. 1101　　C. 4109　　D. 10BF

212. 设任意一个十进制整数 D,转换成对应的无符号二进制数为 B,那么就这两个数字的长度(即位数)而言,B 与 D 相比________。

A. B 的数字位数一定小于 D 的数字位数

B. B 的数字位数一定大于 D 的数字位数

C. B 的数字位数一定小于或等于 D 的数字位数

D. B 的数字位数一定大于或等于 D 的数字位数

213. 已知三个不同数制表示的整数 A=00111101B,B=3CH,C=6D,则能成立的比较关系是________。

A. A<B<C　　B. B<C<A　　C. B<A<C　　D. C<B<A

214. 首位不是 0 的 6 位进制数可表示的数的范围是________。

A. 31～64　　B. 32～64　　C. 32～63　　D. 64～127

215. 按照数的进位制概念,下列各个数中正确的八进制数是________。

A. 1101　　B. 7081　　C. 1109　　D. B03A

216. 两个二进制数 1001 和 111 的和为________。

A. 1101　　B. 010110　　C. 1111　　D. 10000

217. 5 位二进制无符号数最大能表示的十进制整数是________。

A. 64　　B. 63　　C. 32　　D. 31

218. 将十进制 257 转换成十六进制数是________。

A. 11　　B. 101　　C. F1　　D. FF

219. 无符号二进制整数 1001111 转换成十进制数是________。

A. 79　　B. 89　　C. 91　　D. 93

220. 38 字长为 7 位的无符号二进制整数能表示的十进制整数的数值范围________。

A. 0～128　　B. 0～255　　C. 0～127　　D. 1～127

221. 现代计算机中采用二进制数是因为二进制数的优点________。

A. 代码表示简短,易读

B. 物理上容易实现,且简单可靠;运算规则简单;适合逻辑运算

C. 容易阅读,不易出错

D. 只有 0 和 1 两个符号,容易书写

222. 无符号二进制数 111110 转化成十进制数是________。

A. 62　　B. 60　　C. 58　　D. 56

223. 下列叙述正确的是________。

A. 高级语言编写的程序可移植性差

B. 机器语言就是汇编语言,无非是名称不同而已

C. 指令是一串二进制数 0 和 1 组成的

D. 用机器语言编写的程序可读性好

224. 根据汉字国标码 GB 2312—1980 的规定,总计有各类符号和一二级汉字个数是________。

A. 6763　　B. 7445　　C. 3008　　D. 3775

225. 无符号二进制整数 01110101 转换成十进制数是________。

A. 113　　B. 115　　C. 116　　D. 117

226. 十进制整数 86 转换成无符号二进制整数是________。

A. 01011110　　B. 01010100

C. 010100101　　D. 01010110

227. 字长是 7 位的无符号二进制整数能表示的十进制整数的数值范围________。

A. 0～128　　B. 0～255　　C. 0～127　　D. 1～127

228. 十进制数 54 转化成无符号二进制整数是________。

A. 0110110　　B. 0110101　　C. 0111110　　D. 0111100

229. 汉字国标码把汉字分为________等级。

A. 简体字和繁体字两个

B. 一级汉字、二级汉字和三级汉字三个

C. 常用字、次常用字和罕见字三个

D. 一级汉字和二级汉字两个

230. 汉字的区位码由一个汉字的区号和位号组成。其区号和位号的范围各为________。

A. 区号 1～95,位号 1～95　　B. 区号 1～94,位号 1～94

C. 区号 0～94,位号 0～94　　D. 区号 0～95,位号 0～95

231. 在标准 ASCII 码表中,若英文字母 a 的十进制码值是 97,则小写字母 f 的十进制码值为________。

A. 102　　B. 101　　C. 103　　D. 100

232. 个人计算机(PC)必备的外部设备是________。

A. 键盘和鼠标　　B. 显示器和键盘

C. 键盘和打印机　　D. 显示器和扫描仪

233. 在下列字符中,其 ASCII 码值最大的一个________。

A. C　　B. 1　　C. b　　D. 空格字符

234. 存储一个 32×32 点的汉字字形码需用的字节数是________。

A. 256　　B. 128　　C. 72　　D. 16

235. 下列编码中,属于正确的汉字机内码的是________。

A. 5EF6H　　B. FB67H　　C. A3B3H　　D. C97DH

236. 一个汉字的机内码与国标码之间的差别是________。

A. 前者各字节的最高位二进制值各为 1,而后者为 0

B. 前者各字节的最高位二进制值各为 0,而后者为 1

C. 前者各字节的最高位二进制值各为 1、0,而后者为 0、1

D. 前者各字节的最高位二进制值各为 0、1,而后者为 1、0

237. 9.1KB 的存储容量能存储的汉字机内码的个数是________。

A. 128　　B. 256　　C. 512　　D. 1024

238. 下列叙述中错误的是________。

A. 所有大写英文字母的 ASCII 码值都小于小写英文字母 a 的 ASCII 码值

B. 标准的 ASCII 码表中的每一个 ASCII 码都能在屏幕上显示成一个相应的字符

C. 数字 0～9 的码值全都小于大写英文字母 A 的码值

D. ASCII 码共有 128 个不同的码值,相应可表示 128 个不同的字符

239. 下列编码中,正确的汉字机内码是________。

A. 6EF6H　　B. FB6FH　　C. A3A3H　　D. C97CH

240. 微型计算机普遍采用的字符编码是________。

A. 原码　　B. 补码　　C. ASCII 码　　D. 汉字编码

241. 字符比较大小实际是比较它们的 ASCII 码值,以下正确的比较是________。

A. B 比 C 大　　B. M 比 m 小　　C. E 比 A 小　　D. 8 比 F 大

242. B 的 ASCII 码值为十进制数 66,E 的码值为________。

A. 67　　B. 68　　C. 69　　D. 70

243. 字符的 ASCII 编码在机器中的表示方法准确的描述应是________。

A. 使用 8 位二进制码,最右边一个为 1

B. 使用 8 位二进制码,最左边一个为 0

C. 使用8位二进制码,最右边一个为0

D. 使用8位二进制码,最左边一个为1

244. 五笔字型码输入法属于________。

A. 音码输入法　　B. 形码输入法

C. 音形结合输入法　　D. 联想输入法

245. 在各种数字系统中,汉字的显示和打印均需要相应的字形库支持。目前汉字的字形主要有两种描述方法,即________字形和轮廓字形。

A. 仿真　　B. 点阵　　C. 矩形　　D. 模拟

246. 一个字符的标准ASCII码(非扩展的ASCII码)是________。

A. 8b　　B. 7b　　C. 16b　　D. 6b

247. 已知英文字母m的ASCII码值为6DH,那么ASCII码值为70H的英文字母是________。

A. R　　B. Q　　C. p　　D. q

248. 在ASCII码表中,根据码值由小到大的排列顺序是________。

A. 空格字符、数字符、大写英文字母、小写英文字母

B. 数字符、空格字符、大写英文字母、小写英文字母

C. 空格字符、数字符、小写英文字母、大写英文字母

D. 数字符、大写英文字母、小写英文字母、空格字符

249. 下列字符中,其ASCII码值最大的是________。

A. 空格字符　　B. 6　　C. A　　D. y

250. 已知英文字母A的十进制ASCII码值为65,那么a的十进制ASCII码值为________。

A. 98　　B. 100　　C. 89　　D. 97

251. 下列关于汉字编码的叙述中,错误的是________。

A. BIG5码通行于中国香港和中国台湾地区的繁体汉字编码

B. 一个汉字的区位码就是它的国标码

C. 无论两个汉字的笔画数目相差多大,它们的机内码的长度是相同的

D. 同一汉字用不同的输入法输入时,其输入码不同但机内码是相同的

252. 微软拼音汉字输入法的编码属于________。

A. 音码　　B. 形声码　　C. 区位码　　D. 形码

253. 在计算机中,对汉字进行传输、存储处理时使用汉字的________。

A. 字形码　　B. 国标码　　C. 输入码　　D. 机内码

254. 一个汉字的机内码与它的国标码之间的差是________。

A. 2020H　　B. 4040H　　C. 8080H　　D. A0A0H

255. 将下列字符的ASCII码值进行比较,错误的一项是________。

A. 4<x　　B. w<W　　C. 空格字符<3　　D. a>A

256. 汉字国标码规定的汉字编码每个汉字用________个字节表示。

A. 1　　B. 2　　C. 3　　D. 4

257. 在计算机内部对汉字进行存储、处理和传输的汉字编码是________。

A. 汉字信息交换码　　B. 汉字输入码

C. 汉字内码　　D. 汉字字形码

258. 下面不是汉字输入码的是________。

A. 五笔字型码　　B. 全拼编码　　C. 双拼编码　　D. ASCII 码

259. 关于以下说法中，不正确的是________。

A. 英文字符 ASCII 编码唯一

B. 汉字区位码唯一

C. 汉字的内码(又称汉字机内码)唯一

D. 汉字的输入码唯一

260. 已知英文数字字符 1 的 ASCII 码值为 49，那么英文数字字符 5 的 ASCII 码值为________。

A. 52　　B. 53　　C. 56　　D. 58

261. 下列关于汉字编码的叙述中，错误的是________。

A. BIG5 码是通行于中国香港和台湾地区的繁体汉字编码

B. 一个汉字的区位码就是它的国标码

C. 无论两个汉字的笔画数目相差多大，但它们的机内码的长度是相同的

D. 同一汉字用不同的输入法输入时，其输入码不同但机内码却是相同的

262. 已知一汉字的国际码是 5E38，其内码应是________。

A. DEB8　　B. DE38　　C. 5EB8　　D. 7E59

263. 根据汉字国标码 GB 2312—1980 的规定，将汉字分为常用汉字和次常用汉字两级。一级常用汉字的排列次序是按________。

A. 偏旁部首　　B. 汉语拼音

C. 笔画多少　　D. 使用频率多少

264. 下列说法正确的________。

A. 同一个汉字的输入码的长度随输入方法不同而不同

B. 一个汉字的区位码与它的国际码是相同的，且均为 2 字节

C. 不同汉字的机内码的长度是不相同的

D. 同一汉字用不同的输入法输入时，其机内码是不相同的

265. 根据汉字国标 GB 2312—1980 的规定，1KB 存储容量可以存储汉字的内码个数是________。

A. 1024　　B. 512　　C. 256　　D. 约 341

266. 一个字符的标准 ASCII 码值的长度是________。

A. 7b　　B. 8b　　C. 16b　　D. 6b

267. 在标准 ASCII 码表中，已知英文字母 A 的 ASCII 码值是 01000001，英文字母 D 的 ASCII 码值是________。

A. 01000011　　B. 01000100　　C. 01000101　　D. 01000110

268. 存储 1024 个 24×24 点阵的汉字字形码需要的字节数是________。

A. 720B　　B. 72KB　　C. 7000B　　D. 7200B

269. 标准的 ASCII 码值用 7 位二进制位表示,可表示不同的编码个数是________。

A. 127　　B. 128　　C. 255　　D. 256

270. 字符比较大小实际是比较它们的 ASCII 码值,正确的比较是________。

A. A 比 B 大　　B. H 比 h 小　　C. F 比 D 小　　D. 9 比 D 大

271. 区位码输入法的最大优点是________。

A. 只用数码输入,方便简单、容易记忆

B. 易记易用

C. 一字一码,无重码

D. 编码有规律,不易忘记

272. 在标准 ASCII 码表中,英文字母 a 和 A 的码值之差的十进制值是________。

A. 20　　B. 32　　C. －20　　D. －32

273. 已知英文字母 m 的 ASCII 码值为 6DH,那么,码值为 4DH 的字母是________。

A. N　　B. M　　C. P　　D. L

274. 已知汉字"中"的区位码是 5448,则其国标码是________。

A. 7468D　　B. 3630H　　C. 6862H　　D. 5650H

275. 标准 ASCII 码共有________个不同的编码值。

A. 127　　B. 128　　C. 255　　D. 256

276. 汉字机内码和国标码的关系是________。

A. 机内码＝国标码＋3630H　　B. 国标码＝机内码＋8080H

C. 国标码＝机内码＋3630H　　D. 机内码＝国标码＋8080H

277. 下列有关计算机中数值信息表示的叙述中错误的是________。

A. 正整数无论采用原码表示还是补码表示,其编码是相同的

B. 负整数采用原码表示和补码表示,其编码不同

C. 相同位数的二进制补码和原码,它们能表示的数的个数是相同的

D. 在实数的浮点表示中,阶码是一个整数

278. 计算机能够直接执行的计算机语言是________。

A. 汇编语言　　B. 机器语言　　C. 高级语言　　D. 自然语言

279. 计算机软件系统包括________。

A. 程序、相应的数据和文档　　B. 编译系统和应用软件

C. 数据库管理系统和数据库　　D. 系统软件和应用软件

280. 下列叙述中,正确的________。

A. 用高级语言编写的程序称为源程序

B. 计算机能直接识别并执行用汇编语言编写的程序

C. 机器语言编写的程序必须经过编译和连接后才能执行

D. 机器语言编写的程序具有良好的可移植性

281. 下列叙述中,正确的________。

A. 编译程序、解释程序和汇编程序不是系统软件

B. 故障诊断程序、排错程序、人事管理系统属于应用软件

C. 操作系统、财务管理程序、系统服务程序都不是应用软件

D. 操作系统和各种程序设计语言的处理程序都是系统软件

282. 机器只懂机器语言，而现在人们一般用高级语言编写程序，将高级语言变为机器语言程序需经过________过程。

A. 编译　　B. 编辑　　C. 连接　　D. 装入

283. 汇编语言源程序需经________翻译成目标程序。

A. 监控程序　　B. 汇编程序　　C. 机器语言程序　　D. 机器语言

284. 用高级程序设计语言编写的程序________。

A. 计算机能直接执行　　B. 可读性和可移植性好

C. 可读性差但执行效率高　　D. 依赖于具体机器，不可移植

285. 下列叙述中，正确的________。

A. C++ 是高级程序设计语言的一种

B. 用 C++ 程序设计语言编写的程序可以直接在机器上运行

C. 当代最先进的计算机可以直接识别、执行任何语言编写的程序

D. 机器语言和汇编语言是同一种语言的不同名称

286. 计算机系统软件中最核心、最重要的________。

A. 语言处理系统　　B. 数据库管理系统

C. 操作系统　　D. 诊断系统

287. 下列关于软件的叙述中，错误的是________。

A. 计算机软件系统由程序和相应的文档资料组成

B. Windows 操作系统是最常用的系统软件之一

C. Word 2010 是应用软件之一

D. 软件具有知识产权，不可以随便复制使用

288. 机器语言是用________编写的。

A. 二进制码　　B. ASCII 码　　C. 十六进制码　　D. 国标码

289. 信息安全指的是保护计算机系统中的________免受破坏、偷窃或丢失等。

A. 资源　　B. 硬件　　C. 密码　　D. 应用程序

290. 网络安全的属性不包括________。

A. 保密性　　B. 完整性　　C. 可用性　　D. 通用性

291. 计算机安全通常包括物理安全和________安全。

A. 逻辑　　B. 账号　　C. 操作　　D. 硬件

292. 用某种方法伪装消息以隐藏它的内容的过程称为________。

A. 数据格式化　　B. 数据加工　　C. 数据加密　　D. 数据解密

293. 保护计算机网络免受外部的攻击所采用的常用技术称为________。

A. 网络的容错技术　　B. 网络的防火墙技术

C. 病毒的防治技术　　D. 网络信息加密技术

294. 防火墙是计算机网络安全中常用到的一种技术，它通常被用在________。

A. LAN 内部　　B. LAN 和 WAN 之间
C. PC 和 PC 之间　　D. PC 和 LAN 之间

295. 目前在企业内部网与外部网之间，检查网络传送的数据是否会对网络安全构成威胁的主要设备是________。
A. 路由器　　B. 防火墙　　C. 交换机　　D. 网关

296. 以下________软件不是杀毒软件。
A. 瑞星　　B. IE
C. Norton AntiVirus　　D. 卡巴斯基

297. 下列关于计算机病毒的说法中错误的是________。
A. 计算机病毒是一个程序或一段可执行代码
B. 计算机病毒具有可执行性、破坏性等特点
C. 计算机病毒可按其破坏后果分为良性病毒和恶性病毒
D. 计算机病毒只攻击可执行文件

298. 关于计算机病毒，以下说法正确的是________。
A. 是一种能够传染的生物病毒
B. 是人编制的一种特殊程序
C. 是一个游戏程序
D. 计算机病毒没有复制能力，可以根除

299. 关于计算机病毒的预防，以下说法错误的是________。
A. 在计算机中安装防病毒软件，定期查杀病毒
B. 不要使用非法复制和解密的软件
C. 在网络上的软件也带有病毒，但不进行传播和复制
D. 采用硬件防范措施，如安装微机防病毒卡

300. ________是防范计算机病毒的基本方法。
A. 不轻易上不正规网站
B. 经常升级系统
C. 尽量不使用来历不明的软盘、U 盘、移动硬盘及光盘等
D. 以上皆是

301. 检测计算机病毒的基本方法是________。
A. 密码算法　　B. 特征代码法　　C. 访问控制　　D. 身份认证

302. 无论是文件型病毒还是引导型病毒，如果用户没有________，病毒是不会被激活的。
A. 收到病毒邮件　　B. 打开病毒邮件
C. 运行或打开附件　　D. 保存附件文件

303. 网络安全涉及范围包括________。
A. 加密、防黑客　　B. 防病毒
C. 法律政策和管理问题　　D. 以上皆是

304. 网络安全涉及的方面包括________。

A. 政策法规　　B. 组织管理　　C. 安全技术　　D. 以上皆是

305. 以下4项中，________不属于网络信息安全的防范措施。

A. 身份验证　　B. 跟踪访问者　　C. 设置访问权限　　D. 安装防火墙

306. 下列选项中，________不属于网络安全的问题。

A. 拒绝服务　　B. 黑客恶意访问　　C. 计算机病毒　　D. 散布谣言

307. 下列网络安全措施不正确的是________。

A. 关闭某些不使用的端口　　B. 为Administrator添加密码

C. 安装系统补丁程序　　D. 删除所有的应用程序

308. 计算机病毒的危害性是________。

A. 使计算机突然断电　　B. 破坏计算机的显示器

C. 使硬盘霉变　　D. 破坏计算机软件系统或文件

309. 下列关于计算机病毒的叙述中，错误的是________。

A. 计算机病毒是人为编制的一种程序

B. 计算机病毒是一个标记

C. 计算机病毒可以通过磁盘或网络等媒介传播和扩散

D. 计算机病毒具有潜伏性、传染性和破坏性

310. 对待计算机病毒，以下行为正确的是________。

A. 编制病毒　　B. 查杀病毒　　C. 传播病毒　　D. 发布病毒

311. 计算机病毒是指________。

A. 编制有错误的计算机程序

B. 设计不完善的计算机程序

C. 计算机的程序已被破坏

D. 以危害系统为目的的特殊的计算机程序

312. 计算机病毒的危害性不包括________。

A. 使计算机不能正常启动　　B. 破坏计算机中的数据文件

C. 使硬盘霉变　　D. 破坏计算机软件系统

313. 下列选项中，不属于计算机病毒特征的是________。

A. 破坏性　　B. 潜伏性　　C. 免疫性　　D. 传染性

314. 计算机病毒能够自我复制，这是计算机病毒的________。

A. 隐蔽性　　B. 潜伏性　　C. 传染性　　D. 破坏性

315. 防止软件感染病毒的有效方法是________。

A. 不要把软盘和有病毒软盘放在一起　　B. 写保护

C. 保持机房清洁　　D. 定期对软盘格式化

316. 下列能有效防止感染计算机病毒的措施是________。

A. 安装防、杀毒软件　　B. 不随意删除文件

C. 不随意新建文件夹　　D. 经常进行磁盘碎片整理

317. 计算机病毒不能通过________传播。

A. 键盘　　B. 磁盘　　C. 电子邮件　　D. 光盘

318. 计算机病毒产生的原因是________。

A. 生物病毒传染　　B. 人为因素

C. 电磁干扰　　D. 硬件性能变化

319. 使计算机病毒传播范围最广的媒介是________。

A. 硬盘　　B. 软盘　　C. 内部存储器　　D. 因特网

320. 能够清除病毒的软件是________。

A. EDIT　　B. WPS　　C. FOX　　D. KV300

321. 防止病毒入侵计算机系统的原则是________。

A. 对所有文件设置只读属性

B. 定期对系统进行病毒检查

C. 安装病毒免疫卡

D. 坚持以预防为主,堵塞病毒的传播渠道

322. ________不是计算机病毒的特点。

A. 破坏性　　B. 潜伏性　　C. 传染性　　D. 偶然性

323. 为防止计算机硬件因突发故障或病毒入侵而造成的破坏,对于重要的数据文件和资料应当________。

A. 做定期备份,保存在活动硬盘或U盘里

B. 保存在硬盘里

C. 加密保存到硬盘中

D. 压缩后保存到硬盘中

324. 计算机的病毒不能通过________传播。

A. 硬盘　　B. 软盘

C. 患有传染病的操作者　　D. 网络

325. 计算机病毒不能通过________传播。

A. 软盘　　B. 显示器　　C. 硬盘　　D. 电子邮件

326. 下列软件中________都是计算机杀病毒软件。

A. 金山毒霸和 Winzip　　B. KV3000 和 FoxPro

C. Norton AntiVirus 和 KV3000　　D. KV3000 和 Winzip

327. ________对计算机安全不会造成危害。

A. 黑客攻击　　B. 对数据加密

C. 盗用别人的账户密码　　D. 计算机病毒

328. ________不能作为衡量计算机基本性能的指标。

A. 基本字长　　B. 主存容量　　C. 运算速度　　D. 硬盘容量

329. 微处理器由________组成。

A. 寄存器和译码器　　B. 运算器和控制器

C. 译码器和程序计数器　　D. 操作控制器和寄存器

330. 计算机的技术指标有多种,决定计算机性能的主要指标是________。

A. 语言、外设和速度　　B. 主频、字长和内存容量

C. 外设、内存容量和体积　　　　　　D. 软件、速度和重量

331. 计算机存储系统中配置高速缓冲存储器的目的是为了解决________。

A. CPU与内存储器之间速度不匹配问题

B. CPU与辅助存储器之间速度不匹配问题

C. 主机与外设之间速度不匹配问题

D. 内存储器与辅助存储器之间速度不匹配问题

332. CPU不能直接访问的存储器是________。

A. ROM　　　B. RAM　　　C. Cache　　　D. DVD-ROM

333. 计算机在执行U盘上的程序时，首先把U盘上的程序或数据读入到________，然后才能被计算机运行。

A. 软盘　　　B. 内存　　　C. 硬盘　　　D. 缓存

334. 外存中的文件必须读入到________后计算机才能进行处理。

A. ROM　　　B. RAM　　　C. Cache　　　D. CPU

二、填空题

1. 世界上第一台电子计算机于________年在美国诞生。

2. 我们把一种能够接收输入、存储数据，处理数据并产生输出的电子装置称为________。

3. 计算机系统是由________和________两个部分组成。

4. 键盘、鼠标是计算机系统中最主要的________、显示器、打印机是最常用的________。软盘、U盘是最常用的________。

5. 操作系统对计算机的________和________资源进行管理，是________和________之间的接口。

6. 计算机的发展趋势是________、________、________、________和________方向发展。

7. 体积小、重量轻、使用液晶屏幕方便随身携带的计算机称为________。

8. 目前常用的操作系统有________、________、________、________等。

9. 系统软件是负责________、________和计算机资源的程序。应用软件为________而编制的程序。

10. CAI是指________。

11. 计算机浮点数的机内表示分成________和________两部分。

12. 微型计算机常采用________、________、________三级存储体系结构。

13. 指令的基本格式包括________和________两部分。

14. 显示器由监视器和________两部分组成。按显示设备所用的显示器件分类，常见的有________显示器、________显示器、________显示器以及________显示器等。

15. 按照键盘的接口分，目前常见的有________和________接口键盘，品牌机多采用________接口。

16. 如今电子计算机正向4个方向发展，这4个方向分别是________、________、

________和 ________。

17. 未来 4 种新型计算机分别是________、________、________和 ________。

18. 常见的汉字外码有________、________和________等。

19. 在计算机学科中，KB、MB、GB 和 TB 分别表示为 ________ B、________ KB、________ MB 和________ GB。

20. 输入汉字的方法除了使用键盘之外，还有________、________和________。

21. 文字、________、________和________等是信息的载体，它们的两种或多种的组合称为多媒体。

22. 多媒体技术的特征是________、________、________和________。

23. 声音数字化的过程包括________、________和 ________。

24. 运算器是由________和________组成。

25. 单片机是将 CPU、________和________集成在一个芯片上的计算机。

26. 内存读写信息是按________为单位进行的；磁盘读写信息是按________为单位进行的。

27. 如果一个计算机的 CPU 有 20 根地址总线，那么，它的最大内存容量为________ MB。

28. Cache 存储系统可以解决内存的________问题；虚拟存储系统可以解决内存的________问题。

29. PC 硬件在逻辑上主要由 CPU、内存、外存、I/O 设备与________等主要部件组成。

30. 当 CPU 从 Cache 或主存取到一条将要执行的指令后，立即进入________操作。

31. 计算机所使用的 I/O 接口分成多种类型。从数据传输方式来看，有串行接口和________接口。

32. 每一种不同类型的 CPU 都有自己独特的一组指令，一个 CPU 所能执行的全部指令称为________。

第2章

微机操作系统 Windows 7

一、单项选择题

1. 关于操作系统的叙述,________是不正确的。

A. 管理资源的程序　　B. 能使系统资源提高效率的程序

C. 管理用户程序执行的程序　　D. 能方便用户编程的程序

2. ________不是分时系统的基本特征。

A. 及时性　　B. 实时性　　C. 交互性　　D. 独立性

3. 如果允许不同用户的文件可以具有相同的文件名,通常采用________来保证按名存取的安全性。

A. 建立索引表　　B. 多级目录结构

C. 重名翻译机构　　D. 建立指针

4. 设计批处理多道系统时,首先要考虑的是________。

A. 交互性和响应时间　　B. 系统效率和吞吐量

C. 灵活性和可适应性　　D. 实时性和可靠性

5. 对于辅助存储器,________的说法是正确的。

A. 可被中央处理器直接访问

B. 能永久地保存信息,是文件的主要存储介质

C. 是 CPU 与主存之间的缓冲存储器

D. 不是一种永久性的存储设备

6. 中文 Windows 系统本身不提供的________输入法。

A. 全拼　　B. 双拼　　C. 微软　　D. 五笔字型

7. 下列哪一个操作系统不是微软公司开发的操作系统________。

A. Windows Server 2003　　B. Windows 7

C. Linux　　D. Vista

8. 按硬件结构来划分操作系统,可分为________。

A. 单用户操作系统、多用户操作系统

B. 批处理操作系统、分时操作系统和实时操作系统

C. 分时操作系统、分布式操作系统和多媒体操作系统

D. 网络操作系统、分布式操作系统和多媒体操作系统

9. 清理磁盘不能对________进行整理。

A. 硬盘　　B. 软盘　　C. 光盘　　D. 以上三种

10. 菜单命令后的“…”表示________。

A. 暂时不能用的菜单　　B. 选择该项后会出现子菜单

C. 选择该项后会出现一个对话框　　D. 该项已经被选中

11. 应用程序窗口不包含________部分。

A. 标题栏

B. 选项卡

C. 工具栏

D. 最小化按钮、最大化/恢复按钮、关闭按钮

12. 对话框与其他窗口相比区别在于________。

A. 没有菜单栏

B. 对话框可以移动,不能改变窗口的大小

C. 没有工具栏

D. 对话框不可以移动,不能改变窗口的大小

13. 下面有关计算机操作系统的叙述中,________是不正确的。

A. UNIX、Windows 属于操作系统

B. 操作系统只管理内存,而不管理外存

C. 操作系统属于系统软件

D. 计算机的内存、I/O 设备等硬件资源也由操作系统管理

14. 下面几种操作系统中,________不是网络操作系统。

A. MS-DOS　　B. Windows 2000　　C. Linux　　D. UNIX

15. 下面有关 Windows 系统的叙述中,正确的是________。

A. Windows 是一种多任务操作系统

B. 在 Windows 环境中,安装一个设备驱动程序,必须重新启动后才起作用

C. 在 Windows 环境中,一个程序没有运行结束就不能启动另外的程序

D. Windows 文件夹中只能包含文件

16. 进程________。

A. 与程序是一一对应的

B. 是不能独立运行的

C. 是一个程序及其数据,在处理机上顺序执行时所发生的活动

D. 是为了提高计算机系统的可靠性而引入的

17. 交换技术是对________技术的改进,其目的是为了更加充分地利用系统的各种资源。

A. 虚拟存储　　B. 自动覆盖　　C. Cache　　D. 调入调出

18. Word 编辑的文件属于________。

A. 二进制文件　　B. 文本文件　　C. 系统文件　　D. 输出文件

19. 操作系统的主要功能是________。

A. 进行数据处理　　B. 管理系统所有的软、硬件资源

C. 实现软、硬件转换　　D. 把源程序转换为目标程序

20. 操作系统的功能是对计算机资源(包括软件和硬件资源)等进行管理和控制的程序,是________之间的接口。

A. 主机与外设　　B. 用户与计算机

C. 系统软件与应用软件　　D. 高级语言与机器语言

21. 操作系统是一种________。

A. 系统软件　　B. 实用软件　　C. 应用软件　　D. 编译软件

22. 操作系统的 4 个基本功能是________。

A. CPU 管理、主机管理、中断管理和外部设备管理

B. 运算器管理、控制器管理、内存储器管理和外存储器管理

C. 用户管理、主机管理、程序管理和设备管理

D. CPU 管理、内存储器管理、设备管理和文件管理

23. 下面是关于微型计算机操作中的 4 条叙述,其中正确的一条是________。

A. 因为系统不会用输入的日期做任何事情,因此可随便输入过去一个作为当天的日期

B. 在启动 DOS 系统时,如果不想输入新的时间,用户只要按任意键就行

C. 用户每输入一个字符时,DOS 就立即将其读取并识别

D. U 盘可以在切断电源之前取出来,也可以在切断电源之后取出来

24. 为了更有效地管理好磁盘上的文件,DOS 对磁盘文件提供了文件属性标志,每一个文件都规定了某几种属性,文件属性共有以下几种:档案、只读、隐含、系统以及这四种属性的组合。一般情况,用户存入的磁盘文件均属于________。

A. 档案文件属性　　B. 只读文件属性

C. 系统文件属性　　D. 隐含文件属性

25. Windows 7 的各个版本中,支持的功能最少的是________。

A. 家庭普通版　　B. 家庭高级版　　C. 专业版　　D. 旗舰版

26. 若已打开若干个窗口,利用快捷键 Alt+________,可在窗口之间切换,并且还将显示该窗口对应的应用程序图标。

A. Ese　　B. Shift　　C. Tab　　D. Ctrl

27. 按下________键,可将整个桌面图案放入剪贴板。

A. Insert　　B. PrintScreen

C. Alt+PrintScreen　　D. Tab

28. 在资源管理器中,若要选定一组连续的文件,单击该组第一文件后,再按住________键后单击该组的最后一个文件。

A. Shift　　B. Ctrl　　C. Alt　　D. Tab

29. 在资源管理器中,若要选定若干非连续的文件,按住________的同时,再单击所要选择的非连续文件。

A. Shift　　B. Ctrl　　C. Alt　　D. Tab

30. 任务栏通常是在________的一个长条，左端是“开始”菜单，右端显示时钟、中文输入法等。当启动程序或打开窗口后，任务栏上会出现带有该窗口标题的按钮。

A. 桌面左边　　B. 桌面右边　　C. 桌面底部　　D. 桌面上部

31. ________文件不能放在同一个文件夹中。

A. ABC.COM 与 abc.com　　B. abc.com 与 abc.exe

C. abc.com 与 abc　　D. abc.com 与 aaa.com

32. 在文件夹中可以包含________。

A. 文件　　B. 文件、快捷方式

C. 文件、文件夹　　D. 文件、快捷方式、文件夹

33. 撤销一次或多次操作，可以用下面________命令。

A. Alt＋Q　　B. Alt＋Z　　C. Ctrl＋Z　　D. Ctrl＋Q

34. 通常把可以直接启动或执行的文件称为________。

A. 数据文件　　B. 文本文件　　C. 程序文件　　D. 多媒体文件

35. 带子菜单的菜单选项标记是________。

A. 选项前带√　　B. 选项后带三角▼

C. 选项后带…　　D. 选项前带“ ”

36. 选择文件或文件夹的方法是________。

A. 移动鼠标到要选择的文件或文件夹，双击鼠标左键

B. 移动鼠标到要选择的文件或文件夹，双击鼠标右键

C. 移动鼠标到要选择的文件或文件夹，单击鼠标左键

D. 移动鼠标到要选择的文件或文件夹，单击鼠标右键

37. 在 Windows 7 操作系统中，将打开窗口拖动到屏幕顶端，窗口会________。

A. 关闭　　B. 消失　　C. 最大化　　D. 最小化

38. 在 Windows 7 中，应用程序的窗口的基本结构是一致的，由标题栏、________、工具栏及状态栏等组成。

A. 单选框　　B. 对话框　　C. 菜单栏　　D. 命令按钮

39. Windows 是一种________操作系统。

A. 命令　　B. 图形化

C. 窗口　　D. 窗口方式多任务

40. 关于 Windows 直接删除文件而不进入回收站的操作中，正确的是________。

A. 选定文件后，按 Delete 键

B. 选定文件后，按住 Shift 键，再按 Delete 键

C. 选定文件后，同时按下 Alt 与 Delete 键

D. 选定文件后，同时按下 Ctrl 与 Delete 键

41. 如果设置了屏幕保护程序，用户在一段时间________，Windows 将启动执行屏幕保护程序。

A. 没有使用打印机　　B. 没有按键盘

C. 既没有按键盘，也没有移动鼠标　　D. 没有移动鼠标器

42. 将鼠标指针移至________上拖曳，即可移动窗口位置。

A. 格式化栏　B. 状态栏　C. 标题栏　D. 工具栏

43. 改变窗口的大小可通过________。

A. 单击窗口控制框来实现

B. 移动滚动条的上、下箭头或滑块来实现

C. 单击状态栏来实现

D. 鼠标指针移至窗口边框或角上拖曳双向箭头光标来实现

44. 在 Windows 中，任务栏的作用是________。

A. 只显示当前活动窗口名　B. 显示系统的所有功能

C. 只显示正在后台工作的窗口名　D. 实现窗口之间切换

45. 在 Windows 中，所有的操作都在窗口中进行。其窗口分为 3 类：应用程序窗口、对话框窗口和________。

A. 浏览窗口　B. 文件窗口　C. 绘图窗口　D. 文档窗口

46. 在搜索或显示文件目录时，若用户选择通配符 *.*，其含义为________。

A. 选中所有含有 * 的文件　B. 选中非可执行的文件

C. 选中所有文件　D. 选中所有扩展名中含有 * 的文件

47. 由于突然停电原因造成 Windows 操作系统非正常关闭，那么________。

A. 再次开机启动时必须修改 CMOS 设定

B. 再次开机启动时必须使用软盘启动盘，系统才能进入正常状态

C. 再次开机启动时，大多数情况下系统自动修复由停电造成损坏的程序

D. 再次开机启动时，系统只能进入 DOS 操作系统

48. “开始”菜单中的文档命令保留了最近使用的文档，要清空文档名需通过________。

A. 不能清空　B. 控制面板

C. 任务栏和开始菜单属性窗口　D. 资源管理器

49. 以下关于打印机的说法中**不正确**的是________。

A. 如果打印机图标旁有了复选标记，则已将该打印机设置为默认打印机

B. 可以设置多台打印机为默认打印机

C. 在打印时可以更改打印队列中尚未打印文档的顺序

D. 在打印机管理器中可以安装多台打印机

50. 在 Windows 资源管理器中，如果目录树的某个文件夹图标________，表示其中没有任何下级文件夹。

A. 内有＋号　B. 内有－号　C. 空白　D. 内有√

51. 以下关于 Windows 快捷方式的说法正确的是________。

A. 快捷方式是一种文件，每个快捷方式都有自己独立的文件名

B. 建立在桌面上的快捷方式，其对应的文件位于 C:\WINNT 内

C. 只有指向文件和文件夹的快捷方式才有自己文件名

D. 建立在桌面上的快捷方式，其对应的文件位于 C 盘根目录上

52. Windows 操作系统具有较强的存储管理功能，当主存容量不够时系统可以自动地“扩充”，为应用程序提供一个容量比实际物理主存大得多的存储空间。这种存储管理技术称为________。

A. 缓冲区技术　　B. 虚拟存储器技术

C. 进程调度技术　　D. SPOOLing 技术

53. 经常对硬盘上的数据进行备份，可能的原因是________。

A. 防止硬盘上有坏扇区

B. 可以整理硬盘上的数据，提高数据处理速度

C. 恐怕硬盘上出现新的坏扇区

D. 恐怕硬盘上出现碎片

54. 我们平时所说的“数据备份”中的数据包括________。

A. 内存中的各种数据

B. 各种程序文件和数据文件

C. 内存中的各种数据、程序文件和数据文件

D. 存放在 CD-ROM 上的数据

55. 在 Windows 7 操作系统中，显示桌面的快捷键是________。

A. Win＋D　　B. Win＋P

C. Win＋Tab　　D. Alt＋Tab

56. 在 Windows 7 操作系统中，打开外接显示设置窗口的快捷键是________。

A. Win＋D　　B. Win＋P

C. Win＋Tab　　D. Alt＋Tab

57. 在 Windows 7 操作系统中，显示 3D 桌面效果的快捷键是________。

A. Win＋D　　B. Win＋P

C. Win＋Tab　　D. Alt＋Tab

58. 在 Windows7 中，显示在应用程序窗口最顶部的称为________。

A. 标题栏　　B. 信息栏　　C. 菜单栏　　D. 工具栏

59. 文件的类型可以根据________来识别。

A. 文件的大小　　B. 文件的用途

C. 文件的扩展名　　D. 文件的存放位置

60. 在下列软件中，属于计算机操作系统的是________。

A. Windows 7　　B. Word 2010

C. Excel 2010　　D. PowerPoint 2010

61. 在资源管理器中，________菜单项提供了文件夹设置功能。

A. 文件　　B. 编辑　　C. 工具　　D. 查看

62. 按照操作方式，Windows 7 系统相当于________。

A. 实时系统　　B. 批处理系统　　C. 分时系统　　D. 分布式系统

63. 对计算机操作系统的作用描述完整的是________。

A. 管理计算机系统的全部软、硬件资源，合理组织计算机的工作流程，以充分发

挥计算机资源的效率,为用户提供使用计算机的友好界面

B. 对用户存储的文件进行管理,方便用户

C. 执行用户输入的各类命令

D. 是为汉字操作系统提供运行的基础

64. 计算机操作系统通常具有的五大功能是________。

A. CPU 管理、显示器管理、键盘管理、打印机管理和鼠标器管理

B. 硬盘管理、软盘驱动器管理、CPU 的管理、显示器管理和键盘管理

C. 处理器(CPU)管理、存储管理、文件管理、设备管理和作业管理

D. 启动、打印、显示、文件存取和关机

65. 计算机软件分系统软件和应用软件两大类,系统软件的核心是________。

A. 数据库管理系统　　B. 操作系统

C. 程序语言系统　　D. 财务管理系统

66. 微机上广泛使用的 Windows 是________。

A. 多任务操作系统　　B. 单任务操作系统

C. 实时操作系统　　D. 批处理操作系统

67. 操作系统是计算机系统中的________。

A. 主要硬件　　B. 系统软件　　C. 工具软件　　D. 应用软件

68. 计算机系统软件中,最基本、最核心的软件是________。

A. 操作系统　　B. 数据库系统

C. 程序语言处理系统　　D. 系统维护工具

69. 计算机系统软件中最核心、最重要的是________。

A. 语言处理系统　　B. 数据库管理系统

C. 操作系统　　D. 诊断程序

70. 在 Windows 7 中,任务栏________。

A. 不能隐藏　　B. 只能显示在屏幕下方

C. 可以显示在屏幕任一边　　D. 图标不能删除

71. 操作系统将 CPU 的时间资源划分成极短的时间片,轮流分配给各终端用户,使终端用户单独分享 CPU 的时间片,有独占计算机的感觉,这种操作系统称为________。

A. 实时操作系统　　B. 批处理操作系统

C. 分时操作系统　　D. 分布式操作系统

72. 下列软件中,不是操作系统的是________。

A. Linux　　B. UNIX　　C. MS-DOS　　D. MS-Office

73. 下面关于操作系统的叙述中,正确的是________。

A. 操作系统是计算机软件系统中的核心软件

B. 操作系统属于应用软件

C. Windows 是 PC 唯一的操作系统

D. 操作系统的五大功能是:启动、打印、显示、文件存取和关机

74. 计算机的操作系统是________。

A. 计算机中使用最广的应用软件　　B. 计算机系统软件的核心
C. 微机的专用软件　　D. 微机的通用软件

75. 计算机操作系统是________。
A. 一种使计算机便于操作的硬件设备　　B. 计算机的操作规范
C. 计算机系统中必不可少的系统软件　　D. 对源程序进行编辑和编译的软件

76. 操作系统管理用户数据的单位是________。
A. 扇区　　B. 文件　　C. 磁道　　D. 文件夹

77. 下列各条中,对计算机操作系统的作用完整描述的是________。
A. 它是用户与计算机的界面
B. 它对用户存储的文件进行管理,方便用户
C. 它执行用户输入的各类命令
D. 它管理计算机系统的全部软、硬件资源,合理组织计算机的工作流程,以达到充分发挥计算机资源的效率,为用户提供使用计算机的友好界面

78. 按操作系统的分类,UNIX 操作系统是________。
A. 批处理操作系统　　B. 实时操作系统
C. 分时操作系统　　D. 单用户操作系统

79. 有关计算机软件,下列说法错误的是________。
A. 操作系统的种类繁多,按照其功能和特性可分为批处理操作系统、分时操作系统和实时操作系统等;按照同时管理用户数的多少分为单用户操作系统和多用户操作系统
B. 操作系统提供了一个软件运行的环境,是最重要的系统软件
C. Microsoft Office 软件是 Windows 环境下的办公软件,但它并不能用于其他操作系统环境
D. 操作系统的功能主要是管理,即管理计算机的所有软件资源,硬件资源不归操作系统管理

80. 操作系统的功能是________。
A. 将源程序编译成目标程序
B. 负责诊断计算机的故障
C. 控制和管理计算机系统的各种硬件和软件资源的使用
D. 负责外设与主机之间的信息交换

81. 操作系统中的文件管理系统为用户提供的功能是________。
A. 按文件作者存取文件　　B. 按文件名管理文件
C. 文件创建日期存取文件　　D. 按文件大小存取文件

82. 在下面几种操作系统中,________不是网络操作系统。
A. MS-DOS　　B. Windows 7　　C. Linux　　D. UNIX

二、填空题

1. 操作系统是用以控制和管理________,方便用户使用计算机的________的集合。

2. 操作系统的功能有________、________、________、________和________。

3. 如果操作系统具有很强的交互性，可同时供多个用户使用，但时间响应又不太及时，则属于________类型。

4. 如果操作系统可靠，时间响应及时但仅有简单的交互能力，则属于________类型。

5. 如果操作系统在用户提交作业后，不提供交互能力，它所追求的是计算机资源的高利用率、大吞吐量和作业流程的自动化，则属于________类型。

6. 操作系统的存储管理的主要功能包括________、________、________和________。

7. 从安全性方面，设备分配方式有________和________两种。

8. Windows 7 中默认的系统管理员的账号是________，而 Linux 中默认的是________。

9. Windows 7 的安装可以使用________和________方式。

10. 在 Windows 7 中，利用________，可以方便地在应用程序之间进行信息移动或复制等信息交换。

11. 在使用"搜索"命令时，如果要查找某个文件或文件夹，在输入文件或文件夹名字时，可以使用________来代替任意多个字符。

12. 操作系统提供的用户界面大体上有两种：________和________。

13. 要利用资源管理器实现文件在两个驱动器之间的移动，可在按下________键的同时拖动文件到目的地，即可实现文件的移动。

14. 中文输入法选定后，按________组合键可实现"全角/半角"切换。

15. 理想情况下，利用虚拟存储器可以得到一个容量上接近________、速度上接近________的存储系统。

16. 配置操作系统主要有两个目的：管理________和提供________。

17. 进程可定义为一个数据结构，及能在其上进行操作的一个________。

18. Linux 是与________类似的、可以________使用的操作系统。

第3章

办公软件 Office 2010

3.1 Word 2010

一、单项选择题

1. 用键盘选择菜单项的操作是按下________键不放，再按菜单项后的字母键。
   A. Ctrl　　B. Alt　　C. Shift　　D. Ctrl＋Alt
2. 命令菜单的命令项后有省略号…，表示该命令项有________。
   A. 下级菜单　　B. 文本框　　C. 弹出的对话框　　D. 下拉列表
3. 在所编辑文档的文字区域，鼠标指针的形状是________。
   A. 闪烁的竖粗短线　　B. 左斜空心箭头
   C. 右斜空心箭头　　D. 与大写字母 I 相似
4. 下列操作中，________操作可改变插入点光标的位置。
   A. 按下光标移动键　　B. 水平滚动屏幕
   C. 垂直滚动屏幕　　D. 移动鼠标指针
5. 不使用对话框直接打开最近编辑过的文档的方法是使用________。
   A. 工具栏“打开”图标　　B. “文件”菜单栏下的文件列表
   C. 快捷键　　D. “文件” 菜单栏下的“打开”命令项
6. 退出 Word 的操作是________。
   A. Esc 键　　B. 单击“文件”菜单栏下的“关闭”命令项
   C. Alt＋F＋X　　D. 单击“文件”菜单栏下的“退出”命令项
7. 撤销操作的键盘命令是________。
   A. Ctrl＋E　　B. Alt＋E　　C. Ctrl＋Z　　D. Alt＋Z
8. 将两个 Word 的 DOC 文件合并的命令是________。
   A. “合并”命令　　B. “插入”→“文件”命令
   C. “编辑”→“剪切”命令　　D. “编辑”→“复制”命令
9. 选定一行的操作是________。
   A. 单击插入点所在行
   B. 光标指针在行左端页边距内时单击指针所指行

C. 右键双击插入点所在行

D. 光标指针在行右端页边距内时单击指针所指行

10. 删除表格行或列的操作是________。

A. 激活快捷菜单,单击删除行或列

B. 选定行或列,按空格键

C. 插入点在行或列内,按 Delete 键

D. 选定行或列,按 Delete 键

11. 移动选定内容的操作是________。

A. 先粘贴,再剪切　　B. 先剪切,再粘贴

C. 先复制,再粘贴　　D. 先粘贴,再复制

12. 不能激活"查找替换"对话框的快捷操作是________。

A. Ctrl+H　　B. Ctrl+F　　C. Ctrl+C　　D. Ctrl+G

13. 标尺栏的游标可以设置左右页边距和首行缩进,其中设置首行缩进应移动________游标。

A. 左端上　　B. 左端下　　C. 左端上、下　　D. 右端

14. 将插入点快速定位到文档首的键盘命令是________。

A. Ctrl+Home　　B. Ctrl+PageUp

C. Alt+Home　　D. Alt+PageUp

15. 将插入点快速定位到文档尾的键盘命令是________。

A. Ctrl+ End　　B. Ctrl+PageDown

C. Alt+End　　D. Alt+PageDown

16. 设置下标使用的命令是________。

A. 插入→题注　　B. 插入→批注

C. 格式→字体　　D. 格式→首字下沉

17. Word 可以同时打开________文件,并对这些文件进行编辑。

A. 1个　　B. 2 个　　C. 多个　　D. 不确定

18. 在对图文框和文本框进行编排时,应在________模式下工作,才能看到效果。

A. 页面　　B. 普通　　C. 大纲　　D. 主控文档

19. 可以通过________来任意旋转文本。

A. 艺术字　　B. "格式"菜单下的"字体"命令

C. "格式"菜单下的"段落"命令　　D. "格式"菜单下的"文字方向"命令

20. 在 Word 的文档模板中不包含的元素是________。

A. 此模板中所有段落中标准格式的样式

B. 文档中所有的文字内容

C. 标准文本与插入的固定图文集

D. 此模板可自动完成编辑的宏

21. Word 的模板文件的扩展名是________。

A. RTF　　B. TXT　　C. Web　　D. Dot

22. 在 Word 中，要创建页眉和页脚，可以选择 Word 窗口的________菜单的“页眉/页脚”子项。

A. 格式　B. 编辑　C. 插入　D. 视图

23. 在 Word 中，剪切的快捷键是________。

A. Ctrl+X　B. Ctrl+C　C. Shift+C　D. Alt+X

24. 使用________命令设置动态效果。

A. “格式”菜单下的“字体”　B. “格式”菜单下的“动画”

C. “格式”菜单下的“文字方向”　D. “格式”菜单下的“段落”

25. 使用________命令设置空心字效果。

A. “格式”菜单下的“空心字”　B. “格式”菜单下的“段落”

C. “格式”菜单下的“样式”　D. “格式”菜单下的“字体”

26. 如果要在 Word 文档中选定一矩形块区域，需要将鼠标指针移到该块的左上角，按住________键，拖曳鼠标到右下角。

A. Ctrl　B. Tab　C. Alt　D. Shift

27. 系统默认的自动保存时间间隔是________。

A. 2 分钟　B. 5 分钟　C. 10 分钟　D. 15 分钟

28. 在 Word 中，对于一个已填好数据的表格，下列说法正确的是________。

A. 表格中的数据颜色可各不相同

B. 若拆分一个单元，则该单元格中的数据将被删除

C. 若合并两个单元格，则这两个单元格中的数据将被删除

D. 表格的格式将无法再改变

29. 下面叙述中，不正确的是________。

A. Word 文档输出格式与打印机有关

B. Word 文档可按指定页码范围打印

C. Word 文档一次可以打印多份副本

D. Word 文档打印时，可中途终止打印

30. 下列有关 Word 的说法中，不正确的是________。

A. Word 是一种字处理软件

B. 使用 Word 可以建立、编排多种类型的文档

C. Word 不具有中、英文拼写检查功能

D. Word 窗口中的工具按钮可以增加或减少

31. 用 Word 编辑文件时，当鼠标图标出现在正文左侧，形如右上箭头指针时________击鼠标左键就可选定全文。

A. 单　B. 双　C. 三　D. 四

32. 要将 Word 的“插入”方式改成“改写”方式可以在改写图标处________。

A. 单击左键　B. 单击右键　C. 双击左键　D. 双击右键

33. 在 Word 中，单击“常用”工具条上的“打印”按钮，则________。

A. 打印当前页　B. 出现“打印”对话框

C. 打印全部内容　D. 打印选定内容

34. 在用 Word 编辑文档过程中突然断电，则输入的内容________。

A. 全部由系统自动保存

B. 是否保存根据用户预先的设置而定

C. 系统能将一部分内容保存在内存中

D. 全部没有保存

35. 在 Word 中，用户想要通过页面格式来建立一个商业信函、传真等种类的文档，则可________。

A. 用“文件”菜单的“新建”命令，选择相应的模板

B. 用“编辑”菜单，选择相应模板

C. 用工具栏上的“新建”按钮，选择相应的模板

D. 用“插入”菜单，插入相应模板

36. 在 Word 中要选定一段作为操作对象，可将鼠标光标指向该段的任意处，然后________鼠标左键。

A. 拖动　　B. 单击　　C. 双击　　D. 三击

37. Word 版本之间保持向下兼容性，即________。

A. 低版本 Word 生成的文档可在高版本的 Word 中进行处理

B. 高版本 Word 生成的文档可在低版本的 Word 中进行处理

C. 只能在同一版本下才能进行处理

D. 不论版本高低均能进行处理

38. Word 中，标记若干行中的部分内容为块，应该________。

A. 将鼠标光标移到工作区最左侧的选择条并拖动鼠标

B. 将鼠标光标移到待标记字块的起始位置并拖动鼠标

C. 将鼠标光标移到待标记字块的起始位置，按下 Alt 键并拖动鼠标

D. 按下 Ctrl 键再将鼠标光标移到待标记字块的任意位置单击鼠标

39. Word 文字处理软件可用于图文混合编辑，在文本文件中插入图片时，可以用________。

A. “文件”菜单中的“打印”命令　B. “插入”菜单中的“图片”命令

C. “工具”菜单中的“选项”命令　D. “格式”菜单中的“样式”命令

40. 以下操作中，无法实现的是________。

A. 在 Word 文档中插入直方图表

B. 在 Word 文档中插入一段声音文件(.WAV)

C. 在 Word 窗口中用户定制适合自己操作的工具条

D. 将“画笔”窗口中选取的图形直接拖放到 Word 窗口内

41. 用 Word 文字处理软件制作表格可以使用“插入表格”按钮或________。

A. “工具”菜单中的“自定义”命令　B. “表格”菜单中的“插入”→“表格”命令

C. “格式”菜单中的“制表位”命令　D. “插入”菜单中的“插入表格”命令

42. Word 对建立的表格，可以选定________。

A. 一行或一列　B. 一个单元格　C. 整个表格　D. 以上全部元素

43. 在 Word 中，丰富的特殊符号是通过________输入的。

A. 专门符号按钮 B. "格式"菜单中的"插入符号"命令

C. 在特定的输入法下 D. "插入"菜单中的"符号"命令

44. 若只要打印某文件中指定的几页，须用________打印。

A. 工具栏上的"打印"按钮

B. 将光标移至指定页再按工具栏上的"打印"按钮

C. 同时按住 Alt+PrintScreen 键

D. "文件"菜单中的"打印"命令

45. Word 的基本操作界面中，没有提供________视图方式。

A. 大纲 B. 普通 C. 图形 D. 页面

46. Word、WPS 是主要用来进行________的软件。

A. 程序设计 B. 声音编辑 C. 图文编辑 D. 图像处理

47. Word 大部分功能的操作顺序是________。

A. 先选择操作对象，然后再选择操作命令

B. 先选择操作命令，然后再选择操作对象

C. 同时选择操作对象和操作命令

D. 操作不同，选择操作对象和操作命令的顺序也不同

48. 在 Word 的应用程序窗口中的各种工具栏可以通过________进行增加。

A. "文件"菜单中的"页面设置"选项

B. "文件"菜单中的"属性"选项

C. "视图"菜单中的"工具栏"选项

D. "工具"菜单中的"选项"选项

49. 下列关于 Word 表格操作的叙述中，不正确的是________。

A. 可以给表格加上实线边框

B. 可以将两个表格合成一个表格

C. 不能将一个表格拆成多个表格

D. 可以将表格中两个单元格或多个单元格合成一个单元格

50. 表格处理时，可以进行________。

A. 拆分表格 B. 表格自动套用格式

C. 表中内容排序 D. 以上全部

51. 在 Word 2010 文字处理软件窗口中，系统默认的是插入状态，如要改写某些文字，应按________键转入改写状态进行。

A. Enter B. Delete C. Insert D. Space

52. Word 中，关于查找与替换操作的描述中________是正确的。

A. 查找替换可设定区分或不区分大小写字母

B. 查找替换一次只能针对一个字符进行

C. 查找替换一次查找的信息量必须多于 1 个字符

D. 查找方向可设定为在全程或向下进行，但不能反向(向文件首方向)进行

53. 下列关于 Word 录入的原则描述中，________是最正确的。

A. 字间距通过空格键调整，行间距不能通过回车键调整
B. 字间距不能通过空格键调整，行间距也不能通过回车键调整
C. 字间距通过空格键调整，行间距通过回车键调整
D. 字间距不能通过空格键调整，行间距可通过回车键调整

54. 某个文档基本页面是纵向的，如果其中某一页需要横向页面，应________。
A. 不可以这样做
B. 将整个文档分为两个文档来处理
C. 将整个文档分为三个文档来处理
D. 在横页开始处插入分节符，在横页下一页插入分节符，将横页通过页面设置设为横向，但在应用范围内必须设置为“本节”

55. 在下列有关 Word 的叙述中，不正确的是________。
A. 所有的菜单命令都有相应的热键
B. 绘制的表格外框可以不是四边形
C. 工具栏所能完成的功能均可通过菜单命令实现
D. 在“段落”对话框中，可设置行间距，但不可设置字符的间距

56. Word 是 Microsoft 公司提供的一个________。
A. 操作系统　　B. 表格处理软件
C. 文字处理软件　　D. 数据库管理系统

57. 在 Word 的“文件”菜单底部列出的文件名表示________。
A. 该文件正在使用　　B. 该文件正在打印
C. 扩展名为 DOC 的文件　　D. Word 最近处理过的文件

58. Word 2010 文档文件的扩展名________。
A. txt　　B. wps　　C. docx　　D. wod

59. 在 Word 2010 中，可以通过________功能区对不同版本的文档进行比较和合并。
A. 页面布局　　B. 引用　　C. 审阅　　D. 视图

60. 第一次保存文件，将出现________对话框。
A. 另存为　　B. 全部保存　　C. 保存　　D. 保存为

61. 在 Word 编辑状态下，对选定文字________。
A. 可以设置颜色，不可以设置动态效果
B. 既可以设置颜色，也可以设置动态效果
C. 可以设置动态效果，不可以设置颜色
D. 不可以设置颜色，也不可以设置动态效果

62. 要打开菜单，可用________键和各菜单名旁带下划线的字母。
A. Ctrl　　B. Shift　　C. Alt　　D. Ctrl＋Shift

63. “剪切”命令用于删除文本和图形，并将删除的文本或图形放置到________中。
A. 硬盘　　B. 软盘　　C. 文档　　D. 剪贴板

64. 关于 Word 查找操作的错误说法是________。
A. 可以从插入点当前位置开始向上查找

B. Word 可以查找一些特殊的格式符号，如分页线等

C. Word 可以查找带格式的文本内容

D. 无论什么情况下，查找操作都是在整个文档范围内进行

65. 打印预览中显示的文档外观与________的外观完全相同。

A. 普通视图显示　　B. 页面视图显示

C. 实际打印输出　　D. 大纲视图显示

66. 当编辑具有相同格式的多个文档时，可使用________。

A. 样式　　B. 向导　　C. 联机帮助　　D. 模板

67. 若要设置打印输出时的纸型，应从________菜单中调用“页面设置”命令。

A. 视图　　B. 格式　　C. 编辑　　D. 文件

68. 输入文档时，输入的内容出现在________。

A. 鼠标I形指针处　　B. 鼠标指针处

C. 文档的末尾　　D. 插入点处

69. 在 Word 字处理软件中，光标和鼠标的位置是________。

A. 光标和鼠标的位置始终保持一致

B. 没有光标和鼠标之分

C. 光标是不动的，鼠标是可以动的

D. 光标代表当前文字输入的位置，鼠标则可以用来确定光标的位置

70. 如果要在文字中插入符号 &，可以________。

A. 用“插入”菜单中的“对象”操作

B. 用“插入”菜单中的“图片”操作

C. 用“拷贝”和“粘贴”的办法从其他的图形中复制一个

D. 用“插入”菜单中的“符号”或在光标处右击然后选择“符号”

71. 在 Word 文档中，插入表格时，以下哪种说法正确________。

A. 可以调整每列的宽度，但不能调整每行的高度

B. 可以调整每行和列的高度和宽度，但不能随意修改表格线

C. 不能画斜线

D. 以上都不对

72. 通常在输入标题的时候，要让标题居中，可以用________操作。

A. 用空格键来调整

B. 用 Tab 键来调整

C. 用鼠标定位来调整

D. 选择“工具栏”上的“居中”按钮来自动定位

73. 如果在 Word 的文字中插入图片，那么图片只能放在文字的________。

A. 左边　　B. 中间

C. 下面　　D. 上述三种都可以

74. 要把相邻的两个段落合并为一段，应执行的操作是________。

A. 将插入点定位于前段末尾，单击“撤销”工具按钮

B. 将插入点定位于前段末尾，按退格键

C. 将插入点定位于后段开头，按 Delete 键

D. 删除两个段落之间的段落标记

75. 当工具栏上的“剪切”和“复制”按钮颜色黯淡，不能使用时，表示________。

A. 此时只能从“编辑”菜单中调用“剪切”和“复制”命令

B. 选定的内容太长，剪贴板放不下

C. 剪贴板已经有了要剪切或复制的内容

D. 在文档中没有选定任何内容

76. 在文档中设置页眉和页脚后，页眉和页脚只能在________才能看到。

A. 普通视图方式下　　B. 页面视图方式下

C. 大纲视图方式下　　D. 页面视图方式下或打印预览中

77. 在 Word 中，对标尺、缩进等格式设置除了使用以厘米为度量单位外，还增加了字符为度量单位，可通过________显示的对话框中的有关复选框来进行度量单位的选取。

A. “工具”菜单中“选项”命令的“常规”标签

B. “工具”菜单中“选项”命令的“编辑”标签

C. “工具”菜单中“自定义”命令的“选项”标签

D. “格式”菜单中的“段落”命令

78. 关于编辑页眉页脚，下列叙述________不正确。

A. 文档内容和页眉页脚一起打印

B. 编辑页眉页脚时不能编辑文档内容

C. 文档内容和页眉页脚可在同一窗口编辑

D. 页眉页脚中也可以进行格式设置和插入剪贴画

79. 在 Word 中，通过“表格”菜单中的“公式”命令，选择所需的函数对表格单元格的内容进行统计，以下叙述________是正确的。

A. 当被统计的数据改变时，统计的结果会自动更新

B. 当被统计的数据改变时，统计的结果不会自动更新

C. 当被统计的数据改变时，统计的结果根据操作者决定是否更新

D. 以上叙述均不正确

80. Word 的查找和替换功能很强，不属于其中之一的是________。

A. 能够查找图形对象

B. 能够查找和替换带格式或样式的文本

C. 能够查找和替换文本中的格式

D. 能够用通配字符进行快速、复杂的查找和替换

81. 在 Word 默认情况下，输入了错误的英文单词时，会________。

A. 自动更正

B. 在单词下有绿色下划波浪线

C. 在单词下有红色下划波浪线

D. 系统响铃，提示出错

82. 在 Word 的编辑状态，打开文档 ABC，修改后另存为 ABD，则________。

A. ABC 是当前文档　　B. ABD 是当前文档

C. ABC 和 ABD 均是当前文档　　D. ABC 和 ABD 均不是当前文档

83. 在 Word 的编辑状态中，对已经输入的文档设置首字下沉，需要使用的菜单是________。

A. 编辑　　B. 视图　　C. 格式　　D. 工具

84. 在 Word 的编辑状态中，如果要输入罗马数字Ⅸ，那么需要使用的菜单是________。

A. 编辑　　B. 插入　　C. 格式　　D. 工具

85. 在 Word 的文档中插入声音文件，应选择“插入”菜单中的菜单项是________。

A. 对象　　B. 图片　　C. 图文框　　D. 文本框

86. 在 Word 的编辑状态打开了一个文档，对文档作了修改，进行“关闭”文档操作后________。

A. 文档不能关闭，并提示出错

B. 文档被关闭，并自动保存修改后的内容

C. 文档被关闭，修改后的内容不能保存

D. 弹出对话框，并询问是否保存对文档的修改

87. 在 Word 的编辑状态，选择了一个段落并设置段落的“首行缩进”设置为 1 厘米，则________。

A. 该段落的首行起始位置距页面的左边距 1 厘米

B. 文档中各段落的首行只由“首行缩进”确定位置

C. 该段落的首行起始位置在段落“左缩进”位置的左边 1 厘米

D. 该段落的首行起始位置距段落的“左缩进”位置的右边 1 厘米

88. 在 Word 的编辑状态，选择了当前文档中的一个段落，进行“清除”操作(或按 Delete 键)，则________。

A. 该段落被删除且不能恢复

B. 能利用“回收站”恢复被删除的该段落

C. 该段落被删除，但能恢复

D. 该段落被移到“回收站”内

89. 在 Word 的编辑状态，对当前文档中的文字进行“字数统计”操作，应当使用的菜单是________。

A. “编辑”菜单　　B. “文件”菜单

C. “视图”菜单　　D. “工具”菜单

90. 在 Word 编辑状态，先后打开了 d1.doc 文档和 d2.doc 文档，则________。

A. 可以使两个文档的窗口都显现出来

B. 打开 d2.doc 后两个窗口自动并列显示

C. 只能显现 d1.doc 文档的窗口

D. 只能显现 d2.doc 文档的窗口

91. 插入图片应通过菜单________,在打开的对话框中选择图片文件名。

A. 文件→图片　B. 插入→图片　C. 格式→图片　D. 编辑→图片

92. 在 Word 编辑状态下,给当前打开的文档加上页码,应使用的下拉菜单是________。

A. 编辑　B. 插入　C. 格式　D. 工具

93. 在 Word 编辑状态下,要将文档中的所有 E-mail 替换成"电子邮件",应使用的下拉菜单是________。

A. 编辑　B. 视图　C. 插入　D. 格式

94. 在 Word 编辑状态下,如果要在当前窗口中隐藏(或显示)格式工具栏,应选择的操作是________。

A. 单击"视图"→"工具栏"→"格式"

B. 单击"视图"→"格式"

C. 单击"工具"→"格式"

D. 单击"编辑"→"工具栏"→"格式"

95. 在 Word 编辑状态下,若要调整光标所在段落的行距,首先进行的操作是________。

A. 打开"视图"下拉菜单　B. 打开"编辑"下拉菜单

C. 打开"格式"下拉菜单　D. 打开"工具"下拉菜单

96. 在 Word 中,页眉和页脚的作用范围是________。

A. 全文　B. 节　C. 页　D. 段

97. 当一个 Word 窗口被关闭后,被编辑的文件将________。

A. 从内存中清除　B. 从磁盘中清除

C. 从内存或磁盘中清除　D. 不会从内存和磁盘中清除

98. 在 Word 中,如果要使文档内容横向打印,在"页面设置"中应选择的标签是________。

A. 纸型　B. 版面　C. 纸张来源　D. 页边距

99. 在 Word 的文档中插入数学公式,在"插入"菜单中应选的命令是________。

A. 文件　B. 图片　C. 符号　D. 对象

100. 设 Windows 为系统默认状态,在 Word 编辑状态下,移动光标至文档行行首空白处(文本选定区)边击左键三下,结果会选择文档的________。

A. 一句话　B. 一行　C. 一段　D. 全文

二、填空题

1. 在 Word 中绘制椭圆时,若按住________键后拖动可以画一个正圆。

2. 图文框的大小可以调整,只要先________,用鼠标拖动即可。

3. 在 Word 中,可以通过标尺或者"表格"菜单中的________命令修改表格中行的高度和列的宽度。

4. 在 Word 文档中,对表格的单元格进行选择后,可以进行插入、移动、________、合并和删除等操作。

5. 在 Word 2010 中，用“文件”菜单中“保存”命令保存文件时，默认的文件扩展名是________。

6. 在 Word 中，使用“表格”菜单中的________，可将表格中选定的某列数据按递增顺序进行排列。

7. 在 Word 文档中插入一个 3×4 的表格，其操作过程是：首先选定插入点，然后单击工具栏上________按钮，拖动鼠标选择表格的行列数，然后释放鼠标键就可以插入一个表格。

8. 在 Word 文档中简单表格的表格线是不能打印出来的虚线，显示或者隐藏虚线是由________菜单中“虚线”选项决定的。用户可以通过“格式”菜单中的________命令为表格添加可打印的表格线及设置各种底纹来装饰表格。

9. 在 Word 中，页码是作为________的一部分插入到文档中的。通过菜单中的“页码”选项，既可以设置页码在页面上的位置，又可以设置页码的对齐方式。

10. 在 Word 中，段落格式编排最基本的内容是段落边界的设定、段落________的设定和行距及段落间距的设定。

11. 不显示文本框的边框，应选择“绘图”工具栏中的________图标进行设置。

12. 在 Word 下，单击________上的“打印”图标或者“打印预览”工具栏上的“打印”图标，可以直接以默认方式进行快速打印。

13. 在 Word 中，文档窗口与一般的窗口很类似，也有标题栏、最小化按钮、最大化按钮(复原)、关闭按钮，但没有________。

14. 在 Word 中不宜使用按回车键增加空行的方法加大段落间距，而应该使用“格式”菜单中________命令的“缩进和间距”选项卡来设置。

15. Word “窗口”命令菜单被打开后，该菜单的下半部分是已经被打开的所有文档名，其中当前活动窗口对应的文档名前有________符号。

16. 打开 Word 窗口的“文件”菜单，该菜单底部所显示的几个文件名是________。

17. 在输入文档时，按 Enter 键后，将产生________符号。

18. Word 具有普通方式、________、大纲方式、主控文档和全屏显示五种视图显示方式。

19. Word 中长视图的最佳显示方式是________视图显示方式。

20. 用户在编辑、查看或者打印已有的文档时，首先应当________已有文档。

21. 在 Word 文档中如果看不到段落标记，可以通过单击“常用格式”工具栏上的________按钮来显示。

22. Word 上的段落标记是在输入键盘上的________后产生的。

23. 水平标尺上有首行缩进标记、________、右缩进标记三个滑块位置，从而可缩定这三个边界的位置。

24. 在 Word 文档编辑中，要完成修改、移动、复制、删除等操作，必须先________要编辑的区域，使该区域反相显示。

25. 在 Word 中一次可以打开多个文档，多份文档同时打开在屏幕上，当前插入点所在的窗口称为________窗口，处理中的文档称为活动文档。

26. 在 Word 中，选定一个矩形区域的操作是将光标移动到待选择的文本的左上角，然后按住________键和鼠标左键拖动到文本块的右下角。

27. 在 Word 编辑中，按________键可以打开"扩展选取"模式。

28. 用户可以使用"格式"菜单的________命令，自行选定项目编号的式样。

29. ________是打印在文档每页顶部或者底部的描述性内容。

30. 用户设定的页眉、页脚必须在________方式或者打印预览中才可见。

3.2 Excel 2010

一、单项选择题

1. Excel 的一个工作簿中默认的工作表为________个。

A. 2　　B. 3　　C. 4　　D. 5

2. Excel 2010 工作簿的扩展名是________。

A. xel　　B. exl　　C. xlsx　　D. cel

3. 新建工作簿或启动 Excel 时，Excel 会自动命名工作簿，建立的第一工作簿临时命名为________。

A. Book1　　B. Book2　　C. Sheet1　　D. 文档 1

4. 在 Excel 的表格中，第四行的第二列单元格可以用________来表示。

A. B2　　B. B4　　C. D2　　D. D3

5. 要清除多个单元格中的数据，可以选中要清除的数据，然后按键盘上的________键。

A. Enter　　B. BackSpace　　C. Delete　　D. 空格

6. 如果数字数据不参与运算，让数字数据当作文本数据输入，可以在数字数据前加上一个英文输入状态下的________。

A. ;　　B. ,　　C. '　　D. :

7. 按住键盘上的________键的同时，按下鼠标并拖动单元格的数据，可以快速复制单元格的内容。

A. Ctrl　　B. Shift　　C. Alt　　D. Tab

8. 如果要在一个单元格中输入多行数据。可以在单元格输入了第一行数据后，按键盘上的________快捷键，就可以在单元格换行。

A. Ctrl + Enter　　B. Alt + Enter

C. Tab + Enter　　D. Shift + Enter

9. 默认情况下，在单元格中输入字体通常为________。

A. 宋体　　B. 楷体

C. 黑体　　D. Times New Roman

10. 在工作簿中,选取不连续的范围,可以按住________键。

A. Ctrl　　B. Shift　　C. Alt　　D. Tab

11. 快速创建图表的快捷键是________。

A. Ctrl+F11　　B. Ctrl+F9　　C. F11　　D. F9

12. 图表是与生成它的工作表数据相链接的,因此,工作表发生变化时,图表会________。

A. 产生错误　　B. 断开链接　　C. 保持不变　　D. 随着变化

13. 若要向图表标题中插入换行符,可以单击图表上的文字,然后在需要插入换行符的位置单击,再按________键。

A. Enter　　B. Tab　　C. 空格　　D. Shift+Enter

14. 进行排序时,无论怎样排序,空格始终排在________。

A. 数字的前面　　B. 最后　　C. 最前　　D. 英文的后面

15. 数据的排序可以设置________。

A. 排序关键字　　B. 排序关键字和排序次序

C. 排序次序　　D. 自定义排序的次要关键字

16. 在按字母先后顺序对文本进行升序排序时,含有文本"A100"、"A1"和"A11"的单元格排序顺序是________。

A. A100>A1>A11　　B. A100<A1<A11

C. A1<A100<A11　　D. A1>A100>A11

17. 要快速知道工作表有多少页,并知道内容在哪一页,应该在________状态下查看。

A. 普通视图　　B. 分页预览　　C. 打印预览　　D. 全屏显示

18. 要把工作表横行打印,应该在________对话框中设置。

A. 打印　　B. 页面设置

C. 打印机属性　　D. 单元格格式

19. 在打印不够一页的工作表时,应该设置工作表的对齐方式为________,打印效果最好。

A. 水平居中　　B. 水平和垂直都居中

C. 垂直居中　　D. 水平和垂直都不居中

20. 电子报表 Excel 的文件名称为________。

A. 工作表　　B. 工作簿　　C. 文档　　D. 单元格

21. Excel 工作簿所包含的工作表,最多可达________。

A. 256　　B. 128　　C. 255　　D. 64

22. 在 Excel 2010 中要录入身份证号,数字分类应选择________格式。

A. 常规　　B. 数字(值)　　C. 科学计数　　D. 文本

23. 在公式运算中,如果要引用第 6 行的绝对地址,第 D 列的相对地址,则应为________。

A. 6D　　B. D$6　　C. 6D　　D. $D6

24. 对工作表中区域 A2:A6 进行求和运算，在选中存放计算结果的单元格后，输入________。

A. SUM (A2:A6)　　B. A2＋A3＋A4＋A5＋A6

C. ＝SUM (A2:A6)　　D. ＝SUM(A2,A6)

25. 复制单元格数据的快捷键为________。

A. Ctrl＋X　　B. Ctrl＋V　　C. Ctrl＋Y　　D. Ctrl＋C

26. Excel 单元格的地址是由________来表示的。

A. 列标和行号　　B. 行号　　C. 列标　　D. 任意确定

27. Excel 选定单元格区域的方法是，单击区域一个角的单元格，按住________键，单击区域的对角单元格。

A. Alt 键　　B. Ctrl 键　　C. Shift 键　　D. 任意键

28. Excel 单元格 E10 的值等于 E5 的值加上 E6 的值，在单元 E10 中输入公式________。

A. ＝E5＋E6　　B. ＝E5:E6　　C. E5＋E6　　D. E5:E6

29. Excel 选定不连续单元格区域的方法是，选定一个单元格区域，按住________键的同时选定其他单元格或单元格区域。

A. Shift 键　　B. Ctrl 键　　C. Alt 键　　D. 任意键

30. Excel 行号是以________排列的。

A. 英文字母序列　　B. 阿拉伯数字　　C. 汉语拼音　　D. 任意确定

31. Excel 单元格中输入公式必须以________开头。

A. 等号　　B. SUM　　C. 加号　　D. 单元格地址

32. Excel 单元格区域表示方法中，区域符号是冒号，通常的格式是第一单元格地址：第二单元格地址，以 A1 和 C5 为对角所形成矩形区域的表示方法是________。

A. A1:C5　　B. C5:A1　　C. A1＋C5　　D. A1,C5

33. Microsoft Excel 是处理________的软件。

A. 数据制作报表　　B. 图像效果

C. 图形设计方案　　D. 文字编辑排版

34. 可以激活 Excel 菜单栏的功能键是________。

A. F1　　B. F10　　C. F9　　D. F2

35. 在 Excel 的工作表中，可以选择一个或一组单元格，其中活动单元格是指________。

A. 1 列单元格　　B. 1 行单元格　　C. 1 个单元格　　D. 被选单元格

36. 复制选定的单元格数据时，需要按住________键，并拖动鼠标器。

A. Alt　　B. Ctrl　　C. Shift　　D. Esc

37. 公式 SUM(C2:C6)的作用是________。

A. 求 C2 到 C6 这五个单元格数据之和　　B. 求 C2 与 C6 单元格的比值

C. 求 C2 和 C6 这两个单元格数据之和　　D. 以上说法都不对

38. 要获得 Excel 的联机帮助信息，可以按的功能键是________。

A. Esc　　B. F1　　C. F3　　D. F10

39. 在 Excel 2010 中套用表格格式后，会出现________功能区选项卡。

A. 图片工具　　B. 表格工具　　C. 绘图工具　　D. 其他工具

40. Excel 中，打印工作簿时下面的哪个表述是错误的？________。

A. 一次可以打印整个工作簿

B. 一次可以打印一个工作簿中的一个或多个工作表

C. 在一个工作表中可以只打印某一页

D. 不能只打印一个工作表中的一个区域位置

41. “Excel 工作表编辑”栏包括________。

A. 名称框　　B. 编辑框

C. 状态栏　　D. 名称框和编辑框

42. 在某个单元格的数值为 1.234E+05，它与________相等。

A. 1.23405　　B. 1.2345　　C. 6.234　　D. 123400

43. 如果某单元格显示为＃VALUE! ～＃DIV/0!，这表示________。

A. 公式错误　　B. 格式错误　　C. 行高不够　　D. 列宽不够

44. 如果某单元格显示为若干个＃号(如＃＃＃＃＃＃＃＃＃)，这表示________。

A. 公式错误　　B. 数据错误　　C. 行高不够　　D. 列宽不够

45. 在 Excel 2010 中要想设置行高、列宽，应选用________功能区中的“格式”命令。

A. 开始　　B. 插入　　C. 页面布局　　D. 视图

46. 为了输入一批有规律的递减数据，在使用填充柄实现时，应先选中________。

A. 有关系的相邻区域　　B. 任意有值的一个单元格

C. 不相邻的区域　　D. 选择任意区域

47. 使用 Excel 2010 进行智能填充时，鼠标的形状为________。

A. 空心粗十字　　B. 向左上方箭头

C. 实心细十字　　D. 向右上方箭头

二、填空题

1. Excel 中按________或________快捷键，可以新建一个工作簿。

2. 在 Excel 中，单元格的数据类型可以分为两类，一类是________，另一类是________。

3. 默认情况下，Excel 文本数据在单元格中以________对齐，数字数据在单元格中以________对齐。

4. 在 Excel 中表示结果等于 4 乘 3 再加 2 的公式是________。

5. Excel 中若要查看可用函数的列表，可以单击一个单元格并选择________菜单命令。

6. Excel 的中值函数可以用来计算一组数字的中间值，它的写法是________。

7. Excel 中“打印预览”模式有两种查看打印文件的比例，即________和________。

8. Excel 绝对地址引用的符号是________。

9. Excel 中如果想将某一部分数据另起一个新页打印时，可以通过________来完成。

10. 要想取消交叉的分页线，选取________单元格，然后执行________命令。

11. Excel 中在一行单元格的行号处，用鼠标双击该行的下框线，该行就会按单元格的内容自动调整到________。

12. Excel 中快速创建图表的两种方法是________和________。

13. 如果希望图表中的字体大小保持不变，请选择图表区后，单击"格式"→"图表区"命令，切换到"字体"选项卡，清除________复选框。

14. 选中作为图表数据源的单元格范围，然后按键盘上的________键就可以使用默认的图表类型创建图表。

15. Excel 2010 的默认扩展名是________。

16. 在对数据清单进行筛选操作时一次最多对________个数据清单进行筛选。

17. Excel 中如果要设置水平分页线，选取________的单元格，执行________命令，会在该单元格上方画出一条分页线。

3.3 PowerPoint 2010

一、单项选择题

1. 要设置幻灯片中对象的动画效果以及动画的出现方式时，应在________选项卡中操作。

A. 切换　　B. 动画　　C. 设计　　D. 审阅

2. 在退出 PowerPoint 时，演示文稿的自动恢复文档会出现下列________情况。

A. 自动保存

B. 自动删除

C. 暂时删除，在下次启动 PowerPoint 时，又自动恢复

D. 以上均错

3. 默认情况下，PowerPoint 记录最近使用的________个文件。

A. 4　　B. 5　　C. 10　　D. 16

4. 默认状态下，系统可恢复________步。

A. 10　　B. 20　　C. 50　　D. 100

5. 配色方案由________种颜色组成。

A. 12　　B. 10　　C. 8　　D. 6

6. 在一个演示文稿中应用了模板以后，演示文稿的母版和配色方案将发生________变化。

A. 没有变化

B. 母版不变，配色方案被模板中的配色方案所取代

C. 被模板中的母版和配色方案所取代

D. 配色方案不变，母版被模板中的母版所取代

7. 设置演示文稿统一的背景对象，可以在________状态下进行统一的编辑和修改。

A. 幻灯片母版　　B. 幻灯片视窗窗格　C. 大纲视图窗格　D. 以上都对

8. 编辑数据表的第一个步骤是________。

A. 输入数据　　B. 选择单元格

C. 创建工作表　　D. 定义数据格式

9. 构成一般文本对象的是________。

A. 文本框和文本格式　　B. 文本框和文本

C. 文本框格式与文本格式　　D. 文本与文本格式

10. 为了精确控制幻灯片的放映时间，一般使用下列________操作。

A. 设置切换效果　　B. 设置换页方式

C. 排练计时　　D. 设置每隔多少时间换页

11. 下列________放映方式不是全屏幕放映方式。

A. 演讲者放映　　B. 观众自行浏览

C. 在展台浏览　　D. 以上都是全屏幕放映

12. 利用"帮助"菜单中的"Microsoft on the Web"命令，可以________。

A. 打开 Office 助手获得帮助　　B. 获得该软件的产品信息

C. 找到如何保存文件的信息　　D. 获得该软件的版本信息

13. 对幻灯片上的某一对象设置动作，使其在经鼠标单击后不能显示的是________。

A. 其他应用程序编制的文档　　B. 磁盘上的一个可执行程序

C. 互联网络中的其他站点　　D. 另一演示文稿中的页面

14. 希望在编辑幻灯片内容时，其大小与窗口大小相适应，应选择________。

A. "文件"菜单中的"页面设置"命令

B. "窗口"菜单中的"缩至一页"命令

C. 工具栏上的"显示比例"下拉列表中的"100%"

D. 工具栏上的"显示比例"下拉列表中的"最佳大小"

15. 要将两个图形对象组合成一个对象，则使用________上的"组合"命令。

A. "格式"工具栏　　B. "图片"工具栏

C. "绘图"工具栏　　D. 状态栏

16. 在 PowerPoint 中插入影视对象的文件时，文件的扩展名应为________。

A. PPT　　B. WMF　　C. WAV　　D. AVI

17. 选中文本框后单击"格式"工具栏上的"居中"按钮，则________。

A. 文本框将水平居中安放在幻灯片上

B. 文本框中的文字将水平居中安放在文本框中

C. 文本框将垂直安放在幻灯片上

D. 文本框将垂直安放在文本框中

18. 使用设计模板创建演示文稿，使用的是它的________。

A. 设计方案　　B. 文本内容

C. 背景设置　　D. 文本格式和版式

19. 在幻灯片中插入多媒体对象，多在________视图中建立。

A. 幻灯片　B. 幻灯片浏览　C. 大纲　D. 备注页

20. 切换效果可以在下列________视图中进行设置。

A. 幻灯片　　B. 大纲

C. 幻灯片浏览　　D. 以上均可以

21. 超链接只有在下列________视图中才能被激活。

A. 幻灯片　　B. 大纲

C. 幻灯片浏览　　D. 幻灯片放映

22. 在幻灯片的“动作设置”功能中不可以通过________来触发多媒体对象的演示。

A. 移动鼠标　　B. 单击鼠标

C. 双击鼠标　　D. 单击鼠标和移动鼠标

23. 幻灯片的各种视图快速切换方法是________。

A. 选择“视图”菜单对应的视图

B. 使用快捷键

C. 单击水平滚动条左边的“视图控制”按钮

D. 选择“文件”菜单

24. 在当前演示文稿中要新增一张幻灯片，采用________方式。

A. 选择“文件”菜单中的“新建”命令

B. 选择“编辑”菜单中的“复制”和“粘贴”命令

C. 选择“插入”菜单中的“新幻灯片”命令

D. 选择“插入”菜单中的“幻灯片(从文件)”命令

25. 如果要播放演示文稿，可以使用________。

A. 幻灯片视图　　B. 大纲视图

C. 幻灯片浏览视图　　D. 幻灯片放映视图

26. 在________视图下，可以方便地对幻灯片进行移动、复制、删除等编辑操作。

A. 幻灯片浏览　B. 幻灯片　C. 幻灯片放映　D. 普通

27. 要在选定的幻灯片版式中输入文字，可以________。

A. 直接输入文字

B. 先删除占位符中的系统显示的文字，然后输入文字

C. 先单击占位符，然后输入文字

D. 先删除占位符，然后输入文字

28. 在演示文稿中，在插入超链接中所链接的目标，不能是________。

A. 另一个演示文稿　　B. 同一演示文稿的某一张幻灯片

C. 其他应用程序的文档　　D. 幻灯片中的某个对象

29. 要在幻灯片上显示幻灯片编号，必须________。

A. 选择“插入”菜单中的“页码”命令

B. 选择“文件”菜单中的“页面设置”命令

C. 选择“视图”菜单中的“页眉和页脚”命令

D. 以上都不行

30. 下列各项中________不能控制幻灯片外观一致的方法。

A. 母版　　B. 模板　　C. 背景　　D. 幻灯片视图

31. 在幻灯片母版中插入的对象，只能在________可以修改。

A. 幻灯片视图　　B. 幻灯片母版　　C. 讲义母版　　D. 大纲视图

32. 在空白幻灯片中不可以直接插入________。

A. 文本框　　B. 文字　　C. 艺术字　　D. Word 表格

33. 幻灯片内的动画效果，通过“幻灯片放映”菜单的________命令来设置。

A. 动作设置　　B. 自定义动画　　C. 动画预览　　D. 幻灯片切换

34. 幻灯片间的动画效果，通过“幻灯片放映”菜单的________命令来设置。

A. 动作设置　　B. 自定义动画　　C. 动画预览　　D. 幻灯片切换

35. 设置幻灯片放映时间的命令是________。

A. “幻灯片放映”菜单中的“预设动画”命令

B. “幻灯片放映”菜单中的“动作设置”命令

C. “幻灯片放映”菜单中的“排练计时”命令

D. “插入”菜单中的“日期和时间”命令

36. 在 PowerPoint 2010 中，打印幻灯片时，一张 A4 纸最多可打印________张幻灯片。

A. 任意　　B. 3　　C. 6　　D. 9

37. 要在选定的幻灯片中输入文字，应 ________。

A. 直接输入文字

B. 先删除占位符中系统显示的文字，然后才可输入文字

C. 先单击占位符，然后输入文字

D. 先删除占位符，然后再输入文字

38. 用________，可以给打印的每张幻灯片都加边框。

A. “插入”菜单中的“文本框”命令　　B. “绘图”工具栏的“矩形”按钮

C. “文件”菜单中的“打印”命令　　D. “格式”菜单中的“颜色和线条”

39. 幻灯片放映过程中，右击，选择“指针选项”中的“绘图笔”命令，在讲解过程中可以进行写画，其结果是________。

A. 对幻灯片进行了修改

B. 写画的内容可以留在幻灯片上，下次放映时还会显示出来

C. 对幻灯片没有进行修改

D. 写画的内容可以保存起来，以便下次放映时显示出来

40. 下列不属于“设计”选项卡工具命令的是________。

A. 页面设置、幻灯片方向

B. 主题样式、主题颜色、主题字体、主题效果

C. 背景样式

D. 动画

41. 下列不属于“开始”选项卡工具命令的是________。

A. 粘贴、剪切、复制

B. 新建幻灯片、设置幻灯片版式

C. 设置字体、段落格式

D. 查找、替换、选择

二、填空题

1. 应用设计模板的文件类型是________。

2. PowerPoint 可处理的剪贴画扩展名为________。

3. 在幻灯片浏览视图中，按住 Alt 键，并用鼠标拖动幻灯片，将完成幻灯片的________操作。

4. 在 PowerPoint 2010 中对幻灯片放映条件进行设置时，应在________选项卡中进行操作。

5. 若用键盘按键来关闭 PowerPoint，可以按________键。

6. PowerPoint 在幻灯片中建立超链接有两种方式：通过把某对象作为“超链点”和________。

7. 在 PowerPoint 中，文字区的插入条光标存在，证明此时是________状态。

8. 在演示文稿编辑中，若要选定全部对象，可按快捷键________。

第4章

计算机网络基础及应用

一、单项选择题

1. 计算机网络最突出的特点是________。

A. 精度高　　B. 内存容量大　　C. 共享资源　　D. 运算速度快

2. 计算机网络是计算机技术和________结合的产物。

A. 多媒体技术　　B. 网卡

C. 调制解调器　　D. 通信技术

3. 如果给定一个带通配符的文件名“F＊.?”,则在下列各文件中,它能代表的文件名是________。

A. FA.EXE　　B. F.C　　C. EF.C　　D. FABC.COM

4. E-mail 是指________。

A. 往国外的邮件

B. 报文的传送

C. 报、电话、电传等通信方式

D. 利用计算机网络及时地向特定对象传送文字、声音、图像或图形的一种通信方式

5. 一个文件的扩展名通常表示________。

A. 文件大小　　B. 文件版本

C. 创建该文件的日期　　D. 文件类型

6. HTTP 是一种________。

A. 高级程序设计语言　　B. 域名

C. 超文本传输协议　　D. 网址

7. 以下________是正确的邮件地址。

A. www.swjtu.edu.cn　　B. http://202.115.64.295

C. wang.mars.swjtu.edu.cn　　D. xin@mars.swjtu.edu.cn

8. 下列________工具软件是用来下载文件的。

A. WWW　　B. WinRAR

C. NetAnts　　D. Outlook Express

9. 下列表示统一资源定位器的是________。

A. HTTP　　B. WWW　　C. HTML　　D. URL

10. 如果电子邮件到达时，你的电脑没有开机，那么电子邮件将________。

A. 退回给发信人　　B. 保存在服务商的主机上

C. 过一会儿对方再重新发送　　D. 永远不再发送

11. 要收藏经常浏览或最关心的网址，可使用菜单栏中________菜单。

A. 收藏　　B. 查看　　C. 工具　　D. 编辑

12. 计算机网络的主要功能有________。

A. 数据通信　　B. 资源共享

C. 提高系统处理能力　　D. 以上都是

13. 计算机网络分为总线型、星型、环型和树型是根据网络的________进行分类。

A. 规模　　B. 物理拓扑　　C. 逻辑拓扑　　D. 交换方式

14. OSI 参考模型将整个通信过程分为________层。

A. 5　　B. 6　　C. 7　　D. 8

15. 采用带冲突检测的载波监听多路存取(carrier sense multiple access collision detection)方式来管理数据发送过程的局域网是________。

A. 以太网　　B. 令牌环网　　C. FDDI　　D. ATM

16. 在拨号上网方式中需要用到的硬件设备是________。

A. 集线器　　B. 路由器　　C. 网关　　D. 调制解调器

17. IPv6 的地址在书写时通常采用________来描述。

A. 二进制数　　B. 八进制数　　C. 十进制数　　D. 十六进制数

18. 网络接口的物理地址，也称为 MAC 地址，其书写方法一般为________。

A. 00-10-5A-3B-69-D2

B. 192.169.0.3

C. www.abc.com

D. 3ffe:3201:1401:1:280:c8ff:fe4d:db39

19. WLAN 是________的简写。

A. 宽带局域网　　B. 无线局域网

C. 全球局域网　　D. 广义局域网

20. 发送电子邮件时使用的协议是________。

A. POP3　　B. SMTP　　C. ICMP　　D. ARP

21. 网络计算是把网络连接起来的各种自治资源和系统组合起来，以实现资源共享、协同工作和联合计算，为各种用户提供基于网络的各类综合性服务。以下不属于网络计算的是________。

A. 企业计算　　B. 网格计算　　C. 异步计算　　D. 普适计算

22. 电子商务的英文名称为________。

A. E-Commerce　　B. CRM　　C. OA　　D. ERP

23. 正确的 Internet 地址是________。

A. 32.230.100.6.15　　B. 10.89.20.5

C. 192.112.36.256　　D. 128.174.5

24. 表示商业公司的一级域名是________。

A. com　　B. edu　　C. org　　D. net

25. 一般情况下,从中国往美国发一个电子邮件大约________可以到达。

A. 几分钟　　B. 几天　　C. 几星期　　D. 几个月

26. 当要重新下载并显示当前浏览的网页时,应当单击工具栏上的________按钮。

A. open(打开)　　B. home(主页)

C. forward(前行)　　D. refresh(刷新)

27. 当鼠标移动到超链接上时,将显示为________。

A. I形　　B. 小箭头形　　C. 小手形　　D. 沙漏形

28. 以下正确的URL是________。

A. http://computer/index.htm　　B. fie://c:\windows\test.htm

C. mailto:test.21cn.com　　D. ftps://ftp.stu.edu.cn

29. Telnet是________服务器。

A. 新闻组　　B. 聊天　　B. 远程登录　　D. 常用的

30. HTML的中文意思是________。

A. 图形标记语言　　B. 超文本标记语言

C. 文字标记语言　　D. 高级文本标记语言

31. 网络体系结构可以定义为________。

A. 一种计算机网络的实现

B. 执行计算机数据处理的软件模块

C. 由ISO定义的一个标准

D. 一套建立、使用通信硬件软件的规则和规范

32. 在ISO/OSI的七层模型中,负责路由选择,使发送的分组能按其目的地址正确到达目的站的层次是________。

A. 网络层　　B. 数据链路层　　C. 传输层　　D. 物理层

33. TCP/IP协议的含义是________。

A. 局域网的传输协议　　B. 拨号入网的传输协议

C. 传输控制协议和网际协议　　D. OSI协议集

34. HTML文件必须由特定的程序进行翻译和执行才能显示,这种编译器就是________。

A. Web浏览器　　B. 文本编辑器　　C. 解释程序　　D. 编译程序

35. 在计算机网络中,LAN网指的是________。

A. 局域网　　B. 广域网　　C. 城域网　　D. 以太网

36. 一个网络要正常工作,需要有________的支持。

A. 多用户操作系统　　B. 批处理操作系统

C. 分时操作系统　　D. 网络操作系统

37. 计算机网络最突出的特征是________。

A. 运算速度快　B. 运算精度高　C. 存储容量大　D. 资源共享

38. 建立一个计算机网络需要有网络硬件设备和________。
A. 体系结构　B. 资源子网
C. 传输介质　D. 网络操作系统

39. 调制解调器(modem)的功能是________。
A. 数字信号的编码　B. 模拟信号的放大
C. 模拟信号与数字信号的转换　D. 数字信号的整形

40. OSI 参考模型将网络的层次结构划分为________。
A. 3 层　B. 4 层　C. 5 层　D. 7 层

41. 通信设备中的 Hub 中文全称是________。
A. 网卡　B. 中继器　C. 服务器　D. 集线器

42. Internet 采用的基础协议是________。
A. HTML　B. OSMA　C. SMTP　D. TCP/IP

43. 互联网络上的服务都是基于一种协议的,WWW 服务基于________协议。
A. SMTP　B. TELNET　C. HTTP　D. FTP

44. IP 地址是由一组长度为________的二进制数字组成。
A. 8 位　B. 16 位　C. 32 位　D. 20 位

45. 电子邮件系统使用的传输协议是________。
A. HTTP　B. SMTP　C. HTML　D. FTP

46. E-mail 地址格式正确表示的是________。
A. 主机地址@用户名　B. 用户名,用户地址
C. 电子邮箱号,用户密码　D. 用户名@主机域名

47. 超文本的含义是________。
A. 该文本中包含图形、图像　B. 该文本中包含二进制字符
C. 该文本中包含与其他文本的链接　D. 该文本中包含多媒体信息

48. FTP 的作用是________。
A. 信息查询　B. 远程登录
C. 文件传输服务　D. 发送电子邮件

49. 当从 Internet 获取邮件时,用户的电子信箱是设在________。
A. 用户的计算机上　B. 发信给用户的计算机上
C. 用户的 ISP 的服务器上　D. 根本不存在电子信箱

50. 在浏览网页时,若超链接以文字方式表示时,文字上通常带有________。
A. 引号　B. 括号　C. 下划线　D. 方框

51. 使用浏览器访问 Internet 上的 Web 站点时,看到的第一个画面叫________。
A. 主页　B. Web 页　C. 文件　D. 图像

52. 从网址 www.cdut.edu.cn 可以看出它是中国的一个________站点。
A. 商业部门　B. 政府部门　C. 教育部门　D. 科技部门

53. 根据域名代码规定,域名为 katong.com.cn 表示网站类别是________。

A. 教育机构　　B. 军事部门　　C. 商业组织　　D. 国际组织

54. 计算机网络的主要目标是实现________。

A. 即时通信　　B. 发送邮件　　C. 运算速度快　　D. 资源共享

55. E-mail 的中文含义是________。

A. 远程查询　　B. 文件传输　　C. 远程登录　　D. 电子邮件

56. Internet 的前身是________。

A. ARPANET　　B. ENIVAC　　C. TCP/IP　　D. MILNET

57. 下列选项中,正确的 IP 地址格式是________。

A. 202.202.1　　B. 202.2.2.2.2

C. 202.118.118.1　　D. 202.258.14.13

58. 下列选项中,不是计算机网络必须具备的要素是________。

A. 网络服务　　B. 连接介质　　C. 协议　　D. 交换机

59. 下列选项中________不是按网络拓扑结构的分类。

A. 星型网　　B. 环型网　　C. 校园网　　D. 总线型网

60. 下列网络拓扑结构中________对中央节点的依赖性最强。

A. 星型　　B. 环型　　C. 总线型　　D. 链型

61. 计算机网络按其传输带宽方式分类,可分为________。

A. 广域网和骨干网　　B. 局域网和接入网

C. 基带网和宽带网　　D. 宽带网和窄带网

62. ________是网络操作系统。

A. TCP/IP 网　　B. ARP

C. Windows 2000　　D. Internet

63. 调制解调器的英文名称是________。

A. bridge　　B. router　　C. gateway　　D. modem

64. 计算机网络是由通信子网和________组成的。

A. 网卡　　B. 服务器　　C. 网线　　D. 资源子网

65. 企业内部网是采用 TCP/IP 技术,集 LAN 、WAN 和数据服务为一体的一种网络,它也称为________。

A. 广域网　　B. Internet　　C. 局域网　　D. Intranet

66. Internet 属于________。

A. 局域网　　B. 广域网　　C. 全局网　　D. 主干网

67. E-mail 地址中@后面的内容是指________。

A. 密码　　B. 邮件服务器名称

C. 账号　　D. 服务提供商名称

68. 下列有关网络的说法中,________是错误的。

A. OSI/RM 分为 7 个层次,最高层是表示层

B. 在电子邮件中,除文字、图形外,还可包含音乐、动画等

C. 如果网络中有一台计算机出现故障,对整个网络不一定有影响

D. 在网络范围内,用户可被允许共享软件、数据和硬件

69. 网络上可以共享的资源有________。

A. 传真机、数据、显示器　　B. 调制解调器、内存、图像等

C. 打印机、数据、软件等　　D. 调制解调器、打印机、缓存

70. 在OSI/RM协议模型的数据链路层,数据传输的基本单位是________。

A. 比特　　B. 帧　　C. 分组　　D. 报文

71. 在OSI/RM协议模型的物理层,数据传输的基本单位是________。

A. 比特　　B. 帧　　C. 分组　　D. 报文

72. 下列网络中,不属于局域网的是________。

A. 因特网　　B. 工作组网络

C. 中小企业网络　　D. 校园计算机网

73. 下列传输介质中,属于无线传输介质的是________。

A. 双绞线　　B. 微波　　C. 同轴电缆　　D. 光缆

74. 下列传输介质中,属于有线传输介质的是________。

A. 红外　　B. 蓝牙　　C. 同轴电缆　　D. 微波

75. 下列传输介质中,传输信号损失最小的是________。

A. 双绞线　　B. 同轴电缆　　C. 光缆　　D. 微波

76. 中继器是工作在________的设备。

A. 物理层　　B. 数据链路层　　C. 网络层　　D. 传输层

77. 集线器又被称作________。

A. switch　　B. router　　C. hub　　D. gateway

78. 关于计算机网络协议,下面说法错误的是________。

A. 网络协议就是网络通信的内容

B. 制定网络协议是为了保证数据通信的正确、可靠

C. 计算机网络的各层及其协议的集合,称为网络的体系结构

D. 网络协议通常由语义、语法、变换规则三部分组成

79. 路由器工作在OSI/RM网络协议参考模型的________。

A. 物理层　　B. 网络层　　C. 传输层　　D. 会话层

80. 计算机接入局域网需要配备________。

A. 网卡　　B. 调制解调器　　C. 声卡　　D. 打印机

81. 下列说法错误的是________。

A. 因特网中的IP地址是唯一的

B. IP地址由网络地址和主机地址组成

C. 一个IP地址可对应多个域名

D. 一个域名可对应多个IP地址

82. IP地址格式写成十进制时有________组十进制数。

A. 8　　B. 4　　C. 5　　D. 32

83. IP地址为192.168.120.32的地址是________类地址。

A. A　　B. B　　C. C　　D. D

84. 依据前三位二进制代码，判别以下 IP 地址属于 C 类地址的是________。

A. 010………　　B. 100………　　C. 110………　　D. 111………

85. IP 地址为 10.1.10.32 的地址是________类地址。

A. A　　B. B　　C. C　　D. D

86. 依据前四位二进制代码，判别以下 IP 地址属于 D 类地址的是________。

A. 0100………　　B. 1000………　　C. 1100………　　D. 1110………

87. IP 地址为 172.15.260.32 的地址是________类地址。

A. A　　B. B　　C. C　　D. 无效地址

88. 每块网卡的物理地址是________。

A. 可以重复的　　B. 唯一的

C. 可以没有地址　　D. 地址可以是任意长度

89. 下列属于计算机网络通信设备的是________。

A. 显卡　　B. 网卡　　C. 音箱　　D. 声卡

90. 下列属于计算机网络特有设备的是________。

A. 显示器　　B. 光盘驱动器　　C. 路由器　　D. 鼠标器

91. 依据前三位二进制代码，判别以下 IP 地址属于 A 类地址的是________。

A. 010………　　B. 111………　　C. 110………　　D. 100………

92. 网卡属于计算机的________。

A. 显示设备　　B. 存储设备　　C. 打印设备　　D. 网络设备

93. Internet 中 URL 的含义是________。

A. 统一资源定位器　　B. Internet 协议

C. 简单邮件传输协议　　D. 传输控制协议

94. 要能顺利发送和接收电子邮件，下列设备必需的是________。

A. 打印机　　B. 邮件服务器　　C. 扫描仪　　D. Web 服务器

95. 用 Outlook Express 接收电子邮件时，收到的邮件中带有回形针状标志，说明该邮件________。

A. 有病毒　　B. 有附件　　C. 没有附件　　D. 有黑客

96. OSI/RM 协议模型的最底层是________。

A. 应用层　　B. 网络层　　C. 物理层　　D. 传输层

97. 地址栏中输入的 http://zjhk.school.com 中，zjhk.school.com 是一个________。

A. 域名　　B. 文件　　C. 邮箱　　D. 国家

98. 欲将一个 play.exe 文件发送给远方的朋友，可以把该文件放在电子邮件的________。

A. 正文中　　B. 附件中　　C. 主题中　　D. 地址中

99. 电子邮件地址 stu@zjschool.com 中的 zjschool.com 是代表________。

A. 用户名　　B. 学校名

C. 学生姓名　　　　D. 邮件服务器名称

100. E-mail 地址的格式是________。

A. www.zjschool.cn　　　　B. 网址·用户名

C. 账号@邮件服务器名称　　　　D. 用户名·邮件服务器名称

101. 在 FrontPage 2000 插入图片时不提倡使用的格式是________。

A. JPG　　B. GIF　　C. PNG　　D. BMP

102. HTML 文件是________。

A. EXE 文件　　　　B. 标准的 ASCII 文件

C. BAT 文件　　　　D. FLA 文件

103. 使用浏览器访问 Internet 上的 Web 站点时，看到的第一个画面叫________。

A. 主页　　B. Web 页　　C. 文件　　D. 图像

104. 构建不同的网络需要选择不同的网络设备。在构建局域网络时，一般不需要________。

A. 路由器　　B. 集线器　　C. 网卡　　D. 中继器

105. 把计算机网络分为有线网和无线网的分类依据是________。

A. 网络的地理位置　　　　B. 网络的传输介质

C. 网络的拓扑结构　　　　D. 网络的成本价格

106. 下列不属于网络拓扑结构形式的是 ________。

A. 星形　　B. 环形　　C. 总线　　D. 分支

107. 域名系统 DNS 的作用是________。

A. 存放主机域名　　　　B. 将域名转换成 IP 地址

C. 存放 IP 地址　　　　D. 存放邮件的地址表

108. 下面 IP 地址中属于 C 类地址的是________。

A. 202.54.21.3　　　　B. 10.66.31.4

C. 109.57.57.96　　　　D. 240.37.59.62

二、填空题

1. 浏览万维网上的精彩世界，只需要两个条件：一个是 ________，另一个是 ________。

2. 在启动 Internet Explorer 时打开的页称为________。

3. 每个网站都有一个确定的地址，这个地址被称为 ________。

4. 启动自己想浏览的网页只要在浏览器的地址栏编辑框中输入 ________即可。

5. E-mail 地址的一般格式为________。

6. 对于压缩的文件在使用前必须要把压缩文件进行________。

7. xin@mars.swjtu.edu.cn 该电子邮件地址中的用户名是________。

8. Internet 最早起源于美国国防部的网络 ________。

9. 对 Internet 来说，最重要的两个协议被称作 ________和 ________，它们把局域网紧密地连接在一起。普通用户经常使用的另一种协议则称为________，它是让个人计算机用户进入 Internet 的技术标准。

10. 万维网简称为 ________,DNS 是 ________缩写。

11. 第一级域的域名中，________表示教育部门，________表示政府部门。

12. 邮件编写窗口的头中,TO：行用来填写 ________。

13. 软件版权人依法享有 ________权和 ________权。

14. URL 又叫做 ________,用于识别网络上的服务器上的特定文件。

15. WWW 浏览采用 ________和 ________信息组织方式。

16. HTML 是一种 ________语言,它用来描述________。

17. 要想将主页上传到因特网上,必须 ________。

18. 计算机网络的三个主要组成部分是 ________、________和________。

19. 子网掩码的作用是 ________,子网掩码是 ________位的。

20. 计算机安全包含了两方面的内容：________安全和 ________安全。

21. 网络安全的关键是网络中 ________的安全。

22. 防火墙技术从原理上可以分为________技术和 ________技术。

23. ________证书就是数字证书。

第5章

数据结构与算法

单项选择题

1. 算法的时间复杂度是指________。
   A. 执行算法程序所需的时间
   B. 算法程序的长度
   C. 算法执行过程中所需要的基本运算次数
   D. 算法程序中的指令条数
2. 在下列选项中，________不是一个算法一般应该具有的基本特征。
   A. 确定性　　B. 可行性
   C. 无穷性　　D. 拥有足够的情报
3. 算法一般都可以用________控制结构组合而成。
   A. 循环、分支、递归　　B. 顺序、循环、嵌套
   C. 循环、递归、选择　　D. 顺序、选择、循环
4. 下列叙述中正确的是________。
   A. 线性表是线性结构　　B. 栈与队列是非线性结构
   C. 线性链表是非线性结构　　D. 二叉树是线性结构
5. 数据的存储结构是指________。
   A. 数据所占的存储空间量　　B. 数据的逻辑结构在计算机中的表示
   C. 数据在计算机中的顺序存储方式　　D. 存储在外存中的数据
6. 线性表L=(a1,a2,a3,…,ai,…,an),下列说法正确的是________。
   A. 每个元素都有一个直接前趋和直接后继
   B. 线性表中至少要有一个元素
   C. 表中诸元素的排列顺序必须是由小到大或由大到小
   D. 除第一个元素和最后一个元素外,其余每个元素都有且只有一个直接前趋和直接前趋
7. 数据结构中,与所使用的计算机无关的是数据的________。
   A. 存储结构　　B. 物理结构
   C. 逻辑结构　　D. 物理和存储结构
8. 线性表的顺序存储结构和线性表的链式存储结构分别是________。

A. 顺序存取的存储结构、顺序存取的存储结构

B. 随机存取的存储结构、顺序存取的存储结构

C. 随机存取的存储结构、随机存取的存储结构

D. 任意存取的存储结构、任意存取的存储结构

9. 线性表若采用链式存储结构时,要求内存中可用存储单元的地址________。

A. 必须是连续的　　　　　　　　B. 部分地址必须是连续的

C. 一定是不连续的　　　　　　　D. 连续不连续都可以

10. 下列叙述中,错误的是________。

A. 数据的存储结构与数据处理的效率密切相关

B. 数据的存储结构与数据处理无关

C. 数据的存储结构在计算机中所占的空间不一定是连续的

D. 一种数据的逻辑结构可以有多种存储结构

11. 下面关于栈的叙述中正确的是________。

A. 在栈中只能插入数据　　　　　B. 在栈中只能删除数据

C. 栈是先进先出的线性表　　　　D. 栈是先进后出的线性表

12. 栈底至栈顶依次存放元素 A、B、C 和 D,在第 5 个元素 E 入栈前,栈中元素可以出栈,则出栈序列可能是________。

A. ABCED　　B. DBCEA　　C. CDABE　　D. DCBEA

13. 一些重要的程序语言(如 C 语言和 Pascal 语言)允许过程递归调用。而实现递归调用中的存储分配通常用________。

A. 栈　　B. 堆　　C. 数组　　D. 链表

14. 下列数据结构中,按先进后出原则组织数据的是________。

A. 线性链表　　B. 栈　　C. 循环链表　　D. 顺序表

15. 栈和队列的共同特点是________。

A. 都是先进先出　　　　　　　　B. 都是先进后出

C. 没有共同点　　　　　　　　　D. 只允许在端点处插入和删除元素

16. 以下数据结构中,________是非线性数据结构。

A. 树　　B. 字符串　　C. 队　　D. 栈

17. 在单链表中,增加头结点的目的是________。

A. 方便运算的实现　　　　　　　B. 使单链表至少有一个结点

C. 标识表结点中首结点的位置　　D. 说明单链表是线性表的链式存储实现

18. 非空的循环链表 head 的尾结点(由 p 所指向),满足________。

A. p→next==NULL　　　　　　B. p==NULL

C. p→next=head　　　　　　　D. p=head

19. 用链表表示线性表的优点是________。

A. 数据元素的物理顺序与逻辑顺序相同

B. 便于插入和删除操作

C. 花费的存储空间较顺序存储少

D. 便于随机存取

20. 链表适用于________查找。

A. 顺序　　B. 二分法

C. 顺序,也能二分法　　D. 随机

21. 树是结点的集合,它的根结点数目是________。

A. 有且只有1　　B. 1或多于1　　C. 0或1　　D. 至少2

22. 具有3个结点的二叉树有________。

A. 2种形态　　B. 4种形态　　C. 7种形态　　D. 5种形态

23. 在深度为5的满二叉树中,叶子结点的个数为________。

A. 32　　B. 31　　C. 16　　D. 15

24. 不含任何结点的空树________。

A. 是一棵树　　B. 是一棵二叉树

C. 是一棵树也是一棵二叉树　　D. 既不是树也不是二叉树

25. 具有$n(n>0)$个结点的完全二叉树的深度为________。

A. $\log_2^n$　　B. $\lceil \log_2^n \rceil$　　C. $\lceil \log_2^n \rceil+1$　　D. $\lceil \log_2^n \rceil-1$

26. 由64个结点构成的完全二叉树,其深度为________。

A. 8　　B. 7　　C. 6　　D. 5

27. 若对一棵有16个结点的完全二叉树按层编号(从1开始编号),则对于编号为7的结点x,它的双亲结点及右孩子结点的编号分别为________。

A. 2,14　　B. 2,15　　C. 3,14　　D. 3,15

28. 若对一棵有20个结点的完全二叉树按层编号(从1开始编号),则对于编号为5的结点x,它的双亲结点及左孩子结点的编号分别为________。

A. 2,11　　B. 2,10　　C. 3,9　　D. 3,10

29. 将一棵有100个结点的完全二叉树从根这一层开始,每一层从左到右依次对结点进行编号,根结点编号为1,则编号最大的非叶结点的编号为________。

A. 48　　B. 49　　C. 50　　D. 51

30. 已知一棵二叉树前序遍历和中序遍历分别为ABDEGCFH和DBGEACHF,则该二叉树的后序遍历为________。

A. GEDHFBCA　　B. DGEBHFCA

C. ABCDEFGH　　D. ACBFEDHG

31. 若某二叉树的前序遍历访问顺序是abdgcefh,中序遍历访问顺序是dgbaechf,则其后序遍历的结点访问顺序是________。

A. bdgcefha　　B. gdbecfha　　C. bdgaechf　　D. gdbehfca

32. 顺序查找法适合存储结构为________的线性表。

A. 散列存储　　B. 顺序存储或链式存储

C. 压缩存储　　D. 索引存储

33. 适用于折半查找的表的存储方式及元素排列要求为________。

A. 链接方式存储,元素无序　　B. 链接方式存储,元素有序

C. 顺序方式存储，元素无序　　D. 顺序方式存储，元素有序

34. 当在一个有序的顺序存储表上查找一个数据时，既可用折半查找，也可用顺序查找，但前者比后者的查找速度________。

A. 必定快　　B. 不一定

C. 在大部分情况下要快　　D. 取决于表递增还是递减

35. 折半查找有序表(4,6,10,12,20,30,50,70,88,100)。若查找表中元素 58，则它将依次与表中________比较大小，查找结果是失败。

A. 20,70,30,50　　B. 30,88,70,50

C. 20,50　　D. 30,88,50

36. 在待排序的元素序列基本有序的前提下，效率最高的排序方法是________。

A. 冒泡排序　　B. 选择排序　　C. 快速排序　　D. 归并排序

37. 希尔排序法属于________。

A. 交换类排序法　　B. 插入类排序

C. 选择类排序法　　D. 建堆排序法

38. 对 n 个不同的排序码进行冒泡排序，比较的次数最多是________。

A. 从小到大排列好的　　B. 从大到小排列好的

C. 元素无序　　D. 元素基本有序

39. 对 n 个不同的排序码进行冒泡排序，在元素无序的情况下比较的次数为________。

A. $n+1$　　B. n　　C. $n-1$　　D. $n(n-1)/2$

40. 若一组记录的排序码为(46, 79, 56, 38, 40, 84)，则利用快速排序的方法，以第一个记录为基准得到的一次划分结果为________。

A. 38, 40, 46,56,79,84　　B. 40, 38, 46,79,56, 84

C. 40,38,46,56, 79, 84　　D. 40,38,46,84,56, 79

41. 若用冒泡排序方法对序列{10,14,26,29,41,52}从大到小排序，需进行________次比较。

A. 3　　B. 10　　C. 15　　D. 25

42. 已知数据表 A 中每个元素距其最终位置不远，为节省时间，应采用的算法是________。

A. 堆排序　　B. 直接插入排序

C. 快速排序　　D. 直接选择排序

43. 对一组数据(84,47,25,15,21)排序，数据的排列次序在排序过程中的变化为________。

A. 选择　　B. 冒泡　　C. 快速　　D. 插入

44. 若一组记录的排序码为(46, 79, 56, 38, 40, 84)，则利用堆排序的方法建立的初始堆为________。

A. 79, 46, 56, 38, 40, 84　　B. 84, 79, 56, 38, 40, 46

C. 84, 79, 56, 46, 40, 38　　D. 84, 56, 79, 40, 46, 38

第6章

程序设计基础

一、单项选择题

1. 对建立良好的程序风格，下面描述正确的是________。
   A. 程序应力求简单、清晰、可读性好
   B. 符号的命名只要符合语法
   C. 充分考虑程序的执行效率
   D. 程序的注释可有可无

2. 在面向对象的方法出现以前，我们都是采用面向________的程序设计方法。
   A. 用户　　B. 结构　　C. 过程　　D. 以上都不对

3. 结构化程序设计方法的结构不包括________。
   A. 顺序结构　　B. 分支结构　　C. 循环结构　　D. 跳转结构

4. 在面向对象方法中，一个对象请求另一个对象为其服务的方式是通过________发送的。
   A. 调用语句　　B. 命令　　C. 口令　　D. 消息

5. 对象是现实世界中一个实际存在的事物，它可以是有形的也可以是无形的，下面所列举的不是对象的是________。
   A. 桌子　　B. 飞机　　C. 狗　　D. 苹果的颜色

6. 下面对对象概念描述不正确的是________。
   A. 任何对象都必须有继承性　　B. 对象是属性和方法的封装体
   C. 对象间的通信靠消息传递　　D. 操作是对象的动态属性

7. 面向对象的开发方法中，类与对象的关系是________。
   A. 具体与抽象　　B. 抽象与具体　　C. 整体与部分　　D. 部分与整体

8. 面向对象的程序设计主要考虑的是提高软件的________。
   A. 可靠性　　B. 可重用性　　C. 可移植性　　D. 可修改性

9. 以下________不是面向对象的特征。
   A. 多态性　　B. 过程调用　　C. 封装性　　D. 继承性

10. 对象和类之间存在着关联关系，利用对象的________特征可以实现对象的多态性。
    A. 唯一性　　B. 分类性　　C. 继承性　　D. 封装性

二、填空题

1. 结构化程序设计具有很多优点，但它仍是一种面向________的程序设计方法。

2. 就程序设计方法和技术的发展而言，程序设计主要经过了________和面向对象程序设计阶段。

3. 结构化程序设计方法的主要原则包括________、逐步求精、模块化和限制使用goto语句4条原则。

4. 采用结构化程序设计方法能够使程序易读、易理解、________和结构良好。

5. 在面向对象分析和设计中，通常把对象所进行的操作称为________。

6. 对象的多态性是指________。

7. 在面向对象的程序设计中，________是指一个类实例和另一个类实例之间传递的信息。

8. 对象根据所接受的消息而做出动作，同样的消息被不同的对象所接受时可能导致完全不同的行为，这种现象称为________。

第7章

软件工程基础

一、单项选择题

1. 下面不是软件工程的3个要素的是________。

A. 过程　B. 方法　C. 环境　D. 工具

2. 下面不属于软件的特点的是________。

A. 软件是一种软件产品

B. 软件产品不会用坏,不存在磨损、消耗问题

C. 软件产品的生产主要是研制

D. 软件产品非常便宜

3. 软件生命周期中所花费用最多的阶段是________。

A. 详细设计　B. 软件编码　C. 概要设计　D. 软件测试和维护

4. 文档是描述程序、数据和系统开发以及使用的各种图文资料。下面不是文档的作用的是________。

A. 记录　B. 提供源程序　C. 维护软件　D. 软件产品介绍

5. 开发软件所需高成本和产品的低质量之间有着尖锐的矛盾,这种现象称作________。

A. 软件投机　B. 软件危机　C. 软件工程　D. 软件产生

6. 软件工程的理论和技术性研究的内容主要包括软件开发技术和________。

A. 消除软件危机　B. 软件工程管理

C. 程序设计自动化　D. 实现软件可重用

7. 信息隐蔽的概念与________概念直接相关。

A. 软件结构定义　B. 模块独立性　C. 模块类型划分　D. 模块耦合度

8. 软件维护费用高的主要原因是________。

A. 人员少　B. 人员多　C. 生产率低　D. 生产率高

9. 瀑布模型本质上是一种________模型。

A. 线性顺序　B. 顺序迭代　C. 线性迭代　D. 及早见产品

10. 程序的三种基本控制结构是________。

A. 过程、子程序和分程序　B. 顺序、选择和重复

C. 递归、堆栈和队列　D. 调用、返回和转移

11. 只有单重继承的类层次结构是________结构。

A. 网状型　B. 星型　C. 树型　D. 环型

12. 软件设计中，用抽象和分解的目的是________。

A. 提高易读性　B. 降低复杂性　C. 增加内聚性　D. 降低耦合性

13. 软件由 3 部分组成，它们是________。

A. 程序、数据和文档　B. 程序、数据和界面

C. 数据、文档和界面　D. 程序、界面和文档

14. 软件生存周期是指________的阶段。

A. 软件开始使用到用户要求修改为止

B. 软件开始使用到被淘汰为止

C. 从开始编写程序到不能再使用为止

D. 从立项制定计划，进行需求分析到不能再使用为止

15. 下列 4 个软件可靠性定义中正确的是________。

A. 软件可靠性是指软件在给定的时间间隔内，按用户要求成功运行的概率

B. 软件可靠性是指软件在给定的时间间隔内，按设计要求成功运行的概率

C. 软件可靠性是指软件在正式投入运行后，按规格说明书的规定成功运行的概率

D. 软件可靠性是指软件在给定时间间隔内，按规格说明书的规定成功运行的概率

16. 在软件生命周期中，能准确地确定软件系统必须做什么和必须具备哪些功能的阶段是________。

A. 概要设计　B. 详细设计　C. 可行性分析　D. 需求分析

17. 1960 年 Dijkstra 提倡的________是一种有效地提高程序设计效率的方法，把程序的基本控制结构限于顺序、选择和循环三种，同时避免使用 goto 语句，这样使程序结构易于理解。

A. 标准化程序设计　B. 模块化程序设计

C. 多道程序设计　D. 结构化程序设计

18. 概要设计的任务是决定系统中各个模块的外部特性，即其________。

A. 外部特性　B. 内部特性

C. 算法和使用数据　D. 功能和输入输出数据

19. 详细设计的任务是决定每个模块的内部特性，即模块________。

A. 外部特性　B. 内部特性

C. 算法和使用数据　D. 功能和输入输出数据

20. 模块的独立程度是评价设计好坏的重要标准。________是衡量软件的模块独立性的两个定性度量标准。

A. 耦合性和内聚性　B. 内聚性和可靠性

C. 耦合性和独立性　D. 可靠性和独立性

21. 软件设计包括________两个阶段。

A. 接口设计和结构设计　　B. 概要设计和详细设计

C. 数据设计和概要设计　　D. 结构设计和过程设计

22. 软件总体设计阶段属于软件生命周期的________阶段。

A. 需求分析　B. 软件设计　C. 编码　D. 软件维护

23. 在数据流图(DFD)中,带有名字的箭头表示________。

A. 控制程序的执行顺序　　B. 模块之间的调用关系

C. 数据的流向　　D. 程序的组成成分

24. 下面不属于软件设计原则的是________。

A. 抽象　B. 模块化　C. 自底向上　D. 信息隐蔽

25. 软件的________设计又称为总体结构设计,其主要任务是建立软件系统的总体结构。

A. 概要　B. 抽象　C. 逻辑　D. 规划

26. 需求规格说明书的作用不应该包括________。

A. 软件设计的依据

B. 用户与开发人员对软件要做什么的共同理解

C. 软件验收的依据

D. 软件可行性研究的依据

27. 软件开发的结构化生命周期方法将软件生命周期划分成________。

A. 定义、开发、运行维护　　B. 设计阶段、编程阶段、测试阶段

C. 总体设计、详细设计、编程调试　　D. 需求分析、功能定义、系统设计

28. 开发大型软件时,产生困难的根本原因是________。

A. 大系统的复杂性　　B. 人员知识不足

C. 客观世界千变万化　　D. 时间紧、任务重

29. 提高程序可读性的有力手段是________。

A. 选好一种程序设计语言　　B. 显式说明一切变量

C. 使用三种标准控制语句　　D. 不给程序加注释

30. 下面不是软件需求规格说明书的特点的是________。

A. 正确性　B. 无歧义性　C. 完整性　D. 不可修改性

31. 需求分析阶段的任务是确定________。

A. 软件开发方法　　B. 软件开发费用

C. 软件系统功能　　D. 软件开发工具

32. 通常软件生命周期划分为计划、开发和运行3个时期,下列选项中________工作应属于软件计划期的内容。

A. 可行性研究和需求分析　　B. 问题定义和总体设计

C. 可行性研究和问题定义　　D. 可行性研究、需求分析和问题定义

33. ________的目的就是用最小的代价在尽可能短的时间内确定该软件项目是否能够开发,是否值得去开发。

A. 需求分析　B. 概要设计　C. 总体设计　D. 可行性研究

34. 需求分析是发现、求精、建模的过程，最终产生________。

A. 需求规格说明书　　B. 模块设计书

C. 合同文档　　D. 详细设计说明书

35. 下面描述中，符合结构化程序设计风格的是________。

A. 使用顺序、选择和重复(循环)三种基本控制结构表示程序的控制逻辑

B. 模块只有一个入口，可以有多个出口

C. 注重提高程序的执行效率

D. 使用 goto 语句

36. 在可行性研究阶段，对系统所要求的功能、性能以及限制条件进行分析，确定是否能够构成一个满足要求的系统，这称为________可行性。

A. 经济　　B. 技术　　C. 法律　　D. 操作

37. 可行性研究的目的是用最小的代价，在最短的时间内确定问题是否可能解决和值得去解决，主要从________三个方面进行。

A. 技术可行性、费用可行性、效益可行性

B. 经济可行性、技术可行性、机器可行性

C. 技术可行性、操作可行性、经济可行性

D. 费用可行性、机器可行性、操作可行性

38. 结构化程序设计主要强调的是________。

A. 程序的规模　　B. 程序的易读性

C. 程序的执行效率　　D. 程序的可移植性

39. 在结构化程序设计思想提出前，在程序设计中曾强调程序的效率，现在，与程序的效率相比，人们更重视程序的________。

A. 安全性　　B. 一致性　　C. 可理解性　　D. 合理性

40. 结构化设计方法是面向________的设计方法。

A. 过程　　B. 对象　　C. 数据流　　D. 数据结构

41. 需求分析中，开发人员要从用户那里解决的最重要的问题是________。

A. 要让软件做什么　　B. 要给该软件提供哪些信息

C. 要求软件工作效率怎样　　D. 要让该软件具有何种结构

42. 瀑布模型的存在问题是________。

A. 用户容易参与开发　　B. 缺乏灵活性

C. 用户与开发者易沟通　　D. 适用可变需求

43. 需求分析阶段的任务是确定________。

A. 软件开发方法　　B. 软件开发工具

C. 软件开发费　　D. 软件系统的功能

44. 软件测试按照功能划分可以分为________。

A. 黑盒测试和单元测试　　B. 白盒测试和黑盒测试

C. 集成测试和单元测试　　D. 白盒测试和静态测试

45. 若有一个计算类型程序，它的输入量只有一个 A，其范围是[−2.0,2.0]。现在

从输入的角度考虑设计一组测试该程序的测试用例为－2.001，－2.0，2.0，2.001，设计这组测试用例的方法是________。

A. 边界值分析法 B. 等价类划分法

C. 逻辑覆盖法 D. 错误猜测法

46. 在软件测试过程的4个步骤中，测试依据是需求规格说明的是________。

A. 单元测试 B. 集成测试 C. 确认测试 D. 系统测试

47. 软件测试用例是指为了测试软件而设计的一组数据，它应该包括输入的数据和________两部分。

A. 测试计划 B. 测试规则

C. 以往测试记录 D. 预期输出结果

48. 软件测试方法中，白盒测试法和黑盒测试法是常用的方法，其中白盒测试法主要用于测试________。

A. 结构合理性 B. 软件外部功能

C. 程序正确性 D. 程序内部逻辑

49. 下列测试方法中不属于白盒测试法的是________。

A. 逻辑覆盖测试法 B. 循环测试法

C. 基本路径测试法 D. 边界值分析法

50. 软件测试的目的是________。

A. 发现错误 B. 演示程序的功能

C. 改善软件的性能 D. 挖掘软件的潜能

51. 与设计测试数据无关的文档是________。

A. 需求说明书 B. 设计说明书

C. 源程序 D. 项目开发设计

52. 在集成(联合)测试中，测试的主要目的是发现________阶段的错误。

A. 软件计划 B. 需求分析 C. 设计 D. 编码

53. 下列所述的测试原则中，错误的是________。

A. 应设计非法输入的测试用例

B. 测试用例要给出测试的预期结果

C. 因维护修改程序后需回归测试

D. 开发小组应与测试小组合并

54. 黑盒测试在设计测试用例时，主要需要研究________。

A. 需求规格说明与概要设计说明 B. 详细设计说明

C. 项目开发计划 D. 概要设计说明与详细设计说明

第8章

数据库设计基础

一、单项选择题

1. 数据库系统的核心是________。

A. 数据库　　B. 数据库管理系统

C. 数据模型　　D. 软件工具

2. 数据库管理系统(DBMS)是________。

A. 数学软件　　B. 应用软件

C. 计算机辅助设计　　D. 系统软件

3. 数据库的概念模型独立于________。

A. 具体的机器和DBMS　　B. E-R图

C. 信息世界　　D. 现实世界

4. 数据库中,数据的物理独立性是指________。

A. 数据库与数据库管理系统的相互独立

B. 用户程序与DBMS的相互独立

C. 用户的应用程序与存储在磁盘上数据库中的数据是相互独立的

D. 应用程序与数据库中数据的逻辑结构相互独立

5. 数据库系统的核心是________。

A. 数据库　　B. 数据库管理系统

C. 数据模型　　D. 软件工具

6. 数据库(DB)、数据库系统(DBS)和数据库管理系统(DBMS)三者之间的关系是________。

A. DBS包括DB和DBMS　　B. DDMS包括DB和DBS

C. DB包括DBS和DBMS　　D. DBS就是DB,也就是DBMS

7. 数据库管理系统是________。

A. 操作系统的一部分　　B. 在操作系统支持下的系统软件

C. 一种编译程序　　D. 一种操作系统

8. 在数据管理技术的发展过程中,经历了人工管理阶段、文件系统阶段和数据库系统阶段。在这几个阶段中,数据独立性最高的是________阶段。

A. 数据库系统　　B. 文件系统　　C. 人工管理　　D. 数据项管理

9. 在数据库中，下列说法________是不正确的。

A. 数据库避免了一切数据的重复

B. 若系统是完全可控制的，则系统可确保更新时的一致性

C. 数据库中的数据可以共享

D. 数据库减少了数据冗余

10. 下列关于数据库系统的正确叙述是________。

A. 数据库系统减少了数据冗余

B. 数据库系统避免了一切冗余

C. 数据库系统中数据的一致性是指数据类型一致

D. 数据库系统比文件系统能管理更多的数据

11. 数据库的特点之一是数据的共享，严格地讲，这里的数据共享是指________。

A. 同一个应用中的多个程序共享一个数据集合

B. 多个用户、同一种语言共享数据

C. 多个用户共享一个数据文件

D. 多种应用、多种语言、多个用户相互覆盖地使用数据集合

12. 数据库系统的特点是________、数据独立、减少数据冗余、避免数据不一致和加强了数据保护。

A. 数据共享　　B. 数据存储　　C. 数据应用　　D. 数据保密

13. 在数据库管理技术的发展过程中，可以实现数据完全共享的阶段是________。

A. 自由管理阶段　　B. 文件系统阶段

C. 数据库系统阶段　　D. 系统管理阶段

14. 在数据库中，产生数据不一致的根本原因是________。

A. 数据存储量太大　　B. 没有严格保护数据

C. 未对数据进行完整性控制　　D. 数据冗余

15. 层次型、网状型和关系型数据库划分原则是________。

A. 记录长度　　B. 文件的大小

C. 联系的复杂程度　　D. 数据之间的联系

16. 按传统的数据模型分类，数据库系统可以分为三种类型：________。

A. 大型、中型和小型　　B. 西文、中文和兼容

C. 层次、网状和关系　　D. 数据、图形和多媒体

17. 关系数据模型________。

A. 只能表示实体间的 1∶1 联系　　B. 只能表示实体间的 1∶n 联系

C. 只能表示实体间的 m∶n 联系　　D. 可以表示实体间的上述三种联系

18. 数据 E-R 模型用 E-R 图来表示，在 E-R 图中通常用来表示实体集的是________。

A. 菱形　　B. 矩形　　C. 椭圆　　D. 平行四边形

19. 数据 E-R 模型用 E-R 图来表示，在 E-R 图中用________表示联系。

A. 菱形　　B. 矩形　　C. 椭圆　　D. 平行四边形

20. 数据 E-R 模型用 E-R 图来表示，在 E-R 图中用________表示属性。

A. 菱形　　B. 矩形　　C. 椭圆　　D. 平行四边形

21. 在数据库设计中用关系模型来表示实体和实体之间的联系，关系模型的结构是________。

A. 层次结构　　B. 二维表结构　　C. 网状结构　　D. 封装结构

22. 关系模型中，一个关键字是________。

A. 可由多个任意属性组成

B. 至多由一个属性组成

C. 可由一个或多个其值能唯一标识该关系模式中任何元组的属性组成

D. 以上都不是

23. 关系模式的任何属性________。

A. 不可再分　　B. 可再分

C. 命名在该关系模式中可以不唯一　　D. 以上都不是

24. 下列关于关系模型基本性质的描述，错误的是________。

A. 关系的同一列的属性值应取自同一值域

B. 同一关系中不能有完全相同的元组

C. 在一个关系中行、列的顺序无关紧要

D. 关系中的列可以允许再分

25. 关系的概念是指________。

A. 元组的集合　　B. 属性的集合　　C. 字段的集合　　D. 实例的集合

附录

习题参考答案

第1章　计算机基础知识

一、选择题

1. A　2. C　3. B　4. D　5. D　6. D　7. A　8. D
9. D　10. B　11. D　12. D　13. A　14. D　15. B　16. B
17. B　18. A　19. C　20. C　21. B　22. B　23. A　24. D
25. C　26. D　27. B　28. C　29. A　30. C　31. D　32. C
33. D　34. D　35. B　36. C　37. B　38. C　39. B　40. B
41. D　42. C　43. D　44. B　45. B　46. D　47. C　48. D
49. B　50. B　51. C　52. C　53. A　54. C　55. D　56. A
57. D　58. B　59. A　60. A　61. D　62. A　63. A　64. B
65. A　66. B　67. A　68. B　69. B　70. A　71. A　72. A
73. D　74. C　75. C　76. C　77. D　78. C　79. C　80. B
81. D　82. A　83. C　84. A　85. B　86. C　87. C　88. C
89. A　90. C　91. D　92. C　93. B　94. D　95. A　96. C
97. D　98. A　99. D　100. D　101. D　102. B　103. C　104. D
105. A　106. A　107. A　108. D　109. A　110. D　111. A　112. A
113. C　114. A　115. D　116. C　117. B　118. B　119. B　120. C
121. B　122. D　123. B　124. C　125. C　126. D　127. D　128. C
129. A　130. D　131. A　132. C　133. D　134. C　135. A　136. D
137. B　138. C　139. D　140. B　141. B　142. C　143. B　144. D
145. D　146. B　147. B　148. C　149. D　150. D　151. C　152. A
153. D　154. B　155. C　156. B　157. B　158. D　159. C　160. B
161. D　162. C　163. C　164. B　165. D　166. A　167. D　168. A
169. A　170. C　171. B　172. B　173. B　174. A　175. A　176. C
177. B　178. A　179. A　180. B　181. B　182. C　183. B　184. C
185. B　186. D　187. C　188. D　189. A　190. C　191. A　192. A

193. A	194. B	195. D	196. A	197. C	198. B	199. D	200. A
201. B	202. C	203. A	204. D	205. D	206. C	207. D	208. B
209. D	210. A	211. B	212. D	213. D	214. C	215. A	216. D
217. D	218. B	219. A	220. C	221. B	222. A	223. A	224. B
225. D	226. D	227. C	228. A	229. D	230. B	231. A	232. B
233. C	234. B	235. C	236. A	237. C	238. B	239. C	240. C
241. B	242. C	243. B	244. B	245. B	246. B	247. C	248. A
249. D	250. D	251. B	252. A	253. B	254. C	255. B	256. B
257. C	258. D	259. D	260. B	261. B	262. A	263. B	264. A
265. B	266. A	267. B	268. B	269. B	270. B	271. C	272. B
273. B	274. D	275. B	276. D	277. C	278. B	279. D	280. A
281. D	282. A	283. B	284. B	285. A	286. C	287. A	288. A
289. A	290. D	291. A	292. C	293. B	294. B	295. B	296. B
297. D	298. B	299. C	300. D	301. B	302. C	303. D	304. D
305. B	306. D	307. D	308. D	309. B	310. B	311. D	312. C
313. C	314. C	315. B	316. A	317. A	318. B	319. D	320. D
321. D	322. D	323. A	324. C	325. B	326. C	327. B	328. D
329. B	330. B	331. A	332. D	333. B	334. B		

二、填空题

1. 1946
2. 中央处理器 CPU
3. 硬件;软件
4. 输入设备;输出设备;存储设备
5. 硬件资源;软件;用户;计算机
6. 智能化;微型化;巨型化;网络化;多媒体化
7. 微型计算机
8. Windows;UNIX;Linux;Mac OS
9. 管理;控制;某一特定专用目的项目
10. 计算机辅助教学
11. 整数;小数
12. 缓存;内存;外存储器
13. 操作码;操作数
14. 显示卡;CRT;LCD;LED;等离子
15. PS/2;USB;USB
16. 巨型化;微型化;网络化;智能化
17. 量子计算机;分子计算机;光计算机;生物计算机
18. 全拼;双拼;五笔字型

19. 1024;1024;1024;1024
20. 鼠标选择输入;手写输入;语音输入
21. 图形;声音;视频
22. 交互性;多样性;实时性;集成性
23. 采样;量化;编码
24. 算术逻辑运算单元;通用寄存器
25. 内存储器;I/O 接口
26. 存储单元(字节);扇区
27. 1
28. 存取速度;容量
29. 总线
30. 指令译码
31. 并行
32. 指令系统

第 2 章　微机操作系统 Windows 7

一、单项选择题

1. D	2. B	3. B	4. B	5. B	6. D	7. C	8. D
9. C	10. C	11. C	12. B	13. B	14. A	15. A	16. B
17. B	18. B	19. B	20. B	21. A	22. C	23. D	24. A
25. A	26. C	27. B	28. A	29. B	30. C	31. A	32. D
33. C	34. C	35. B	36. C	37. C	38. C	39. B	40. B
41. D	42. C	43. D	44. D	45. D	46. C	47. C	48. C
49. B	50. C	51. A	52. A	53. C	54. B	55. A	56. B
57. C	58. A	59. C	60. A	61. B	62. B	63. A	64. C
65. C	66. A	67. B	68. A	69. C	70. C	71. C	72. D
73. A	74. B	75. C	76. B	77. D	78. C	79. D	80. C
81. B	82. A						

二、填空题

1. 计算机硬件和软件资源;程序
2. 存储器管理;处理器管理;设备管理;文件管理;作业管理
3. 分时系统
4. 实时系统
5. 批处理系统
6. 存储空间的分配和保护;主存空间的重定位;主存空间的共享;主存空间的扩充

7. 安全分配方式;不安全分配方式

8. adminstrator ;root

9. 升级安装;全新安装

10. 剪切板

11. *

12. 命令方式;图形用户界面

13. Shift

14. Shift+空格

15. 外存;内存

16. 计算机资源;用户界面

17. 程序

18. UNIX;免费

第 3 章　办公软件 Office 2010

3.1　Word 2010

一、单项选择题

1. B	2. C	3. D	4. A	5. B	6. D	7. C	8. B
9. B	10. D	11. B	12. C	13. A	14. A	15. A	16. C
17. C	18. A	19. D	20. B	21. D	22. C	23. A	24. A
25. D	26. C	27. C	28. A	29. A	30. C	31. C	32. C
33. C	34. B	35. A	36. D	37. A	38. C	39. B	40. D
41. D	42. D	43. D	44. D	45. C	46. C	47. A	48. C
49. C	50. D	51. C	52. A	53. B	54. D	55. B	56. C
57. D	58. C	59. C	60. A	61. B	62. C	63. D	64. B
65. B	66. D	67. D	68. D	69. D	70. D	71. D	72. D
73. D	74. D	75. D	76. D	77. A	78. C	79. B	80. A
81. C	82. B	83. C	84. B	85. A	86. D	87. A	88. C
89. D	90. A	91. B	92. B	93. A	94. A	95. C	96. A
97. A	98. D	99. D	100. C				

二、填空题

1. Shift	2. 选中	3. 单元的高度和宽度
4. 拆分	5. docx	6. 排序
7. 插入表格	8. 表格;边框和底纹	9. 页眉和页脚

10. 对齐方式　11. 图片　12. 常用工具栏
13. 菜单栏　14. 段落　15. "√"
16. 最近被 Word 处理的文件名　17. 段落标记
18. 页面方式　19. 主控文档　20. 打开
21. 显示/隐藏　22. 回车或 Enter　23. 左缩进
24. 选中/选择　25. 活动或当前　26. Alt
27. F8　28. 项目符号与编号　29. 页眉与页脚
30. 页面视图

3.2 Excel 2010

一、单项选择题

1. B　2. C　3. A　4. B　5. C　6. C　7. A　8. B
9. D　10. A　11. C　12. D　13. A　14. B　15. B　16. C
17. C　18. B　19. B　20. B　21. C　22. D　23. B　24. C
25. B　26. A　27. C　28. A　29. B　30. B　31. A　32. A
33. A　34. B　35. C　36. B　37. A　38. B　39. B　40. D
41. D　42. D　43. A　44. D　45. A　46. A　47. C

二、填空题

1. 新建按钮;Ctrl+N　2. 数值;文本　3. 左;右
4. =4*3+2　5. 插入→函数　6. MEDIAN
7. 100%;缩放　8. $　9. 设置打印区域
10. 设置分页符处上方;插入→删除分页符　11. 默认行高
12. F11;工具栏上的"图表"按钮　13. 自动缩放
14. F11　15. xlsx　16. 10
17. 设置分页符处下方;插入→分页符

3.3 PowerPoint 2010

一、单项选择题

1. B　2. C　3. A　4. B　5. A　6. B　7. D　8. B
9. D　10. C　11. B　12. A　13. C　14. D　15. C　16. C
17. B　18. D　19. A　20. D　21. D　22. C　23. B　24. C
25. D　26. A　27. C　28. D　29. C　30. D　31. B　32. D
33. B　34. D　35. C　36. D　37. C　38. C　39. B　40. D
41. D

二、填空题

1. pot　　2. gif　　3. 移动　　4. 幻灯片放映
5. Alt+F4　　6. 动作按钮　　7. 文字编辑　　8. Ctrl+A

第4章　计算机网络基础及应用

一、单项选择题

1. C　2. D　3. B　4. D　5. D　6. C　7. D　8. C
9. D　10. B　11. A　12. D　13. C　14. C　15. A　16. D
17. D　18. A　19. B　20. A　21. D　22. A　23. B　24. A
25. A　26. D　27. C　28. D　29. B　30. B　31. D　32. A
33. C　34. A　35. A　36. D　37. D　38. D　39. C　40. D
41. D　42. D　43. C　44. C　45. B　46. D　47. D　48. C
49. C　50. C　51. A　52. C　53. C　54. D　55. D　56. A
57. C　58. D　59. C　60. A　61. C　62. C　63. D　64. D
65. D　66. B　67. B　68. A　69. C　70. B　71. A　72. A
73. B　74. C　75. C　76. A　77. C　78. A　79. B　80. A
81. D　82. B　83. C　84. C　85. A　86. D　87. D　88. B
89. B　90. C　91. A　92. D　93. A　94. B　95. B　96. C
97. A　98. B　99. D　100. C　101. D　102. B　103. A　104. A
105. B　106. D　107. B　108. A

二、填空题

1. 浏览器;接入因特网　　2. 网页　　3. 统一资源定位地址
4. 地址　　5. user@hostname. bitnet 或用户名@主机域名
6. 解压缩　　7. xin
8. 高级研究计划署 DARPA(Defence Advanced Research Projects Agency)的前身 ARPAnet
9. HTTP;FTP;TCP\IP　　10. WWW;域名系统　　11. edu;gov
12. 收件人的地址　　13. 所有权;享受报酬权　　14. 统一资源定位器
15. 超文本;超媒体　　16. 超文本标记;WWW　　17. 购买空间
18. 计算机;通信链路;协议　　19. 划分子网;32　　20. 物理;逻辑
21. 信息　　22. 代理服务器;包过滤　　23. 公开密钥

第 5 章　数据结构与算法

单项选择题

1. C　2. C　3. D　4. A　5. B　6. D　7. C　8. B
9. D　10. B　11. D　12. D　13. A　14. B　15. D　16. A
17. A　18. C　19. B　20. A　21. A　22. D　23. C　24. C
25. C　26. B　27. D　28. B　29. C　30. B　31. D　32. B
33. D　34. C　35. A　36. A　37. B　38. B　39. D　40. C
41. C　42. B　43. A　44. B

第 6 章　程序设计基础

一、选择题

1. A　2. C　3. D　4. D　5. D　6. C　7. B　8. B
9. B　10. C

二、填空题

1. 过程　2. 结构化程序设计　3. 自顶向下　4. 易维护
5. 方法或服务　6. 同样的消息被不同的对象接受时可导致不同的行为
7. 消息　8. 多态性

第 7 章　软件工程基础

单项选择题

1. C　2. D　3. D　4. B　5. B　6. B　7. B　8. C
9. A　10. B　11. C　12. B　13. A　14. D　15. B　16. D
17. D　18. D　19. C　20. A　21. B　22. B　23. A　24. C
25. D　26. D　27. A　28. A　29. C　30. D　31. C　32. C
33. D　34. A　35. A　36. B　37. C　38. B　39. C　40. A
41. A　42. B　43. D　44. C　45. A　46. C　47. D　48. D
49. D　50. A　51. D　52. D　53. D　54. A

第 8 章　数据库设计基础

单项选择题

1. B　2. D　3. A　4. C　5. B　6. A　7. B　8. A
9. A　10. A　11. D　12. A　13. C　14. D　15. D　16. C
17. D　18. B　19. A　20. C　21. B　22. C　23. A　24. D
25. A